westermann

Heinz Frisch, Erwin Lösch, Erich Renner

Industriemechanik
Lernfelder 5 bis 9

Lernsituationen, Technologie, Technische Mathematik

Arbeitsheft

5. Auflage

Bestellnummer 42044

Vorwort

Dieses Arbeitsheft eignet sich neben dem Einsatz im Unterricht auch sehr gut zur Prüfungsvorbereitung auf die Abschlussprüfung. In der Steuerungstechnik sind die Bauteile nach DIN EN 81346 gekennzeichnet. Alle CNC-Programme sind nach DIN PAL erstellt. In der CNC-Technik wurde die grafische Konturerstellung neu aufgenommen.

Quellenverzeichnis

|Di Gaspare, Michele (Bild und Technik Agentur für technische Grafik und Visualisierung), Bergheim: Titel, Titel, 5, 6, 7, 8, 9, 10, 12, 13, 14, 15, 16, 17, 18, 19, 23, 24, 25, 26, 27, 28, 30, 31, 32, 33, 34, 35, 36, 38, 43, 44, 47, 49, 50, 51, 52, 53, 54, 55, 56, 57, 58, 59, 60, 61, 62, 63, 64, 65, 66, 68, 69, 70, 71, 72, 73, 74, 75, 76, 77, 78, 79, 80, 81, 82, 83, 84, 86, 87, 88, 89, 90, 91, 92, 94, 95, 97, 98, 102, 103, 104, 106, 110, 111, 112, 113, 114, 115, 116, 118, 120, 121, 122. |Dorfner Schleifmittelwerk GmbH, Leonberg: 19, 22, 24. |DR. JOHANNES HEIDENHAIN GmbH, Traunreut: 88, 89. |Frisch, Heinz, Königsbrunn: 28, 74, 92, 103, 126. |Hermle AG, Gosheim: 85, 86. |Knuth Werkzeugmaschinen GmbH, Wasbek: 23. |Renner, Erich, Günzburg: 9. |RSGetriebe GmbH, Sonthofen: 128, 129. |stock.adobe.com, Dublin: corund 33, 73.

Wir arbeiten sehr sorgfältig daran, für alle verwendeten Abbildungen die Rechteinhaberinnen und Rechteinhaber zu ermitteln. Sollte uns dies im Einzelfall nicht vollständig gelungen sein, werden berechtigte Ansprüche selbstverständlich im Rahmen der üblichen Vereinbarungen abgegolten.

service@westermann.de
www.westermann.de

Bildungsverlag EINS GmbH
Ettore-Bugatti-Straße 6–14, 51149 Köln

ISBN 978-3-427-**42044**-6

westermann GRUPPE

Inhaltsverzeichnis

Lernfeld 8

Lernfeld 9

Problemstellung:

Bei Schrupparbeiten mit einer Drehmaschine bricht die Schneide des Drehmeißels. Welche Ursachen können dafür vorliegen?

A Zerspankraft*

① Die Zerspankraft F ist die Kraft, die beim Zerspanungsvorgang insgesamt aufgewendet werden muss. Sie ist die resultierende Gesamtkraft aller am Werkzeug auftretenden Teilkräfte. Stellen Sie diese Teilkräfte und ihre Wirkungen fest.

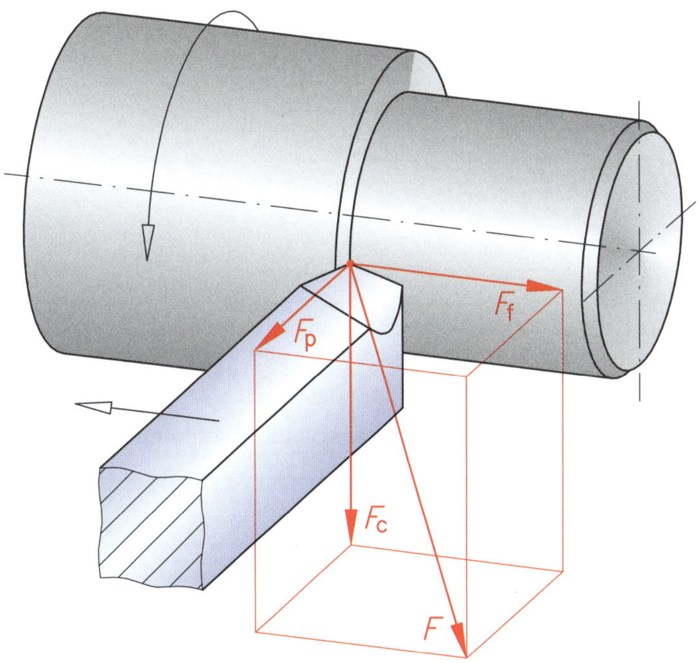

Kurzzeichen	Bezeichnung	Wirkung auf Werkzeug	Wirkung auf Werkstück
	Schnittkraft		
	Vorschubkraft		
	Passivkraft		

② Welche Abhängigkeiten gelten für diese Kräfte?

a) Die **Schnittkraft** ist abhängig von

b) Die **Vorschubkraft** ist abhängig von

c) Die **Passivkraft** ist abhängig von

* Die Funktionszusammenhänge werden am Beispiel Drehen dargestellt.

③ Welche Folgerung für die Größe der Zerspankraft F lässt sich aus der Zeichnung ableiten?

Die **Zerspankraft** F ist umso größer, je ______

______

B Zeitspanungsvolumen (Zerspanleistung)

① Was versteht man unter dem Zeitspanungsvolumen?

______

______

______

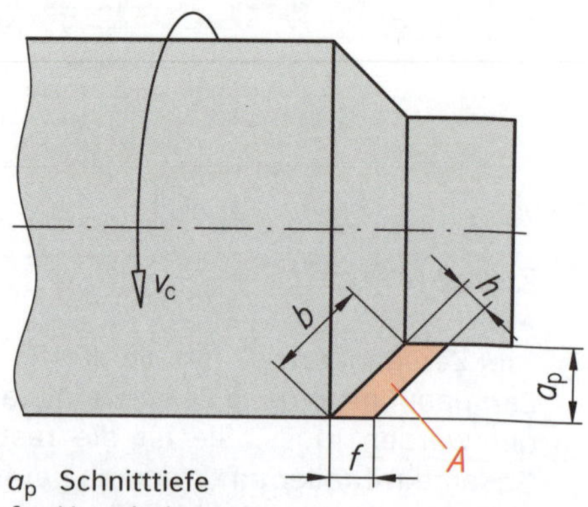

a_p Schnitttiefe
f Vorschub
b Spanungsbreite
h Spanungsdicke
A Spanungsquerschnitt
$A = a_p \cdot f$
$A = b \cdot h$

② Mit welcher Formel kann das Zeitspanungsvolumen errechnet werden?

Zeitspanungsvolumen (Q) = ______

③ Wie kann das Zeitspanungsvolumen (Zerspanleistung) also erhöht werden?

a) ______

b) ______

C Spanungsverhältnis

① Welche Vorteile erzielt man, wenn die Schnittdaten (Schnitttiefe, Vorschub, Einstellwinkel, Schnittgeschwindigkeit) richtig gewählt werden?

______

______

______

______

______

② Was versteht man unter dem Spanungsverhältnis G?
Das Spanungsverhältnis wird mit der Formel $G = \frac{a_p}{f}$ ausgedrückt.
Erläutern Sie diese Formel.

______

______

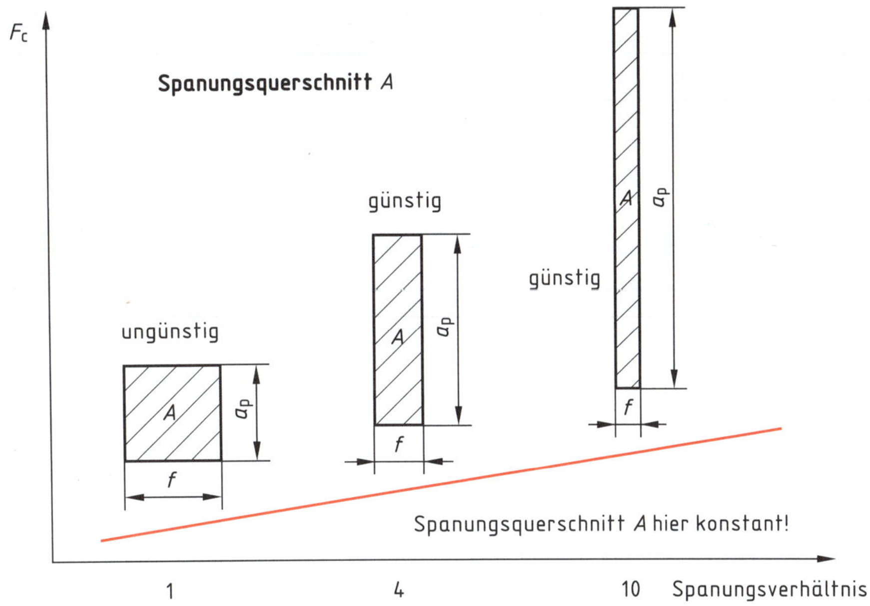

③ Welches Spanungsverhältnis G hat sich in der Praxis als günstig herausgestellt?

Bevorzugte Werte: ______________________

④ Gegeben sind der Vorschub $f = 0{,}5$ mm und der Spanungsquerschnitt $A = 2$ mm^2. Berechnen Sie das Spanungsverhältnis G und stellen Sie fest, ob es günstig ist.

⑤ Begründen Sie folgende Aussagen mithilfe der Abbildung oben:

Ein kleines Spanungsverhältnis ist für die Schnittkraft günstiger.

____

____

Für eine hohe Standzeit ist ein großes Spanungsverhältnis günstiger.

____

____

____

D Schnittgeschwindigkeit und Drehzahl

① Welche Faktoren beeinflussen die Wahl der Schnittgeschwindigkeit?

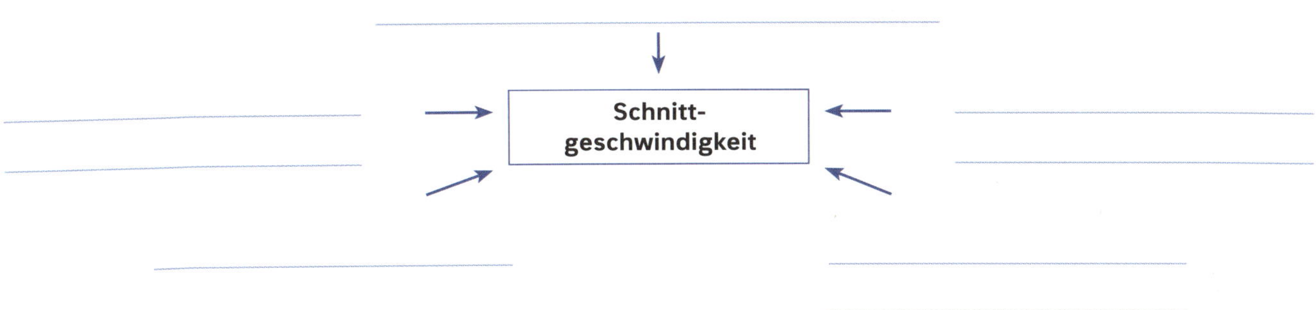

② Mögliche und günstige Schnittgeschwindigkeiten lassen sich Tabellenbüchern entnehmen. An Werkzeugmaschinen wird jedoch meist nicht die Schnittgeschwindigkeit, sondern die Drehzahl (Umdrehungsfrequenz) eingestellt. Entsprechend der Formel $v_c = d \cdot \pi \cdot n$ muss dabei auch der Werkstückdurchmesser berücksichtigt werden. Drehzahldiagramme erleichtern die Bestimmung der richtigen Drehzahl.

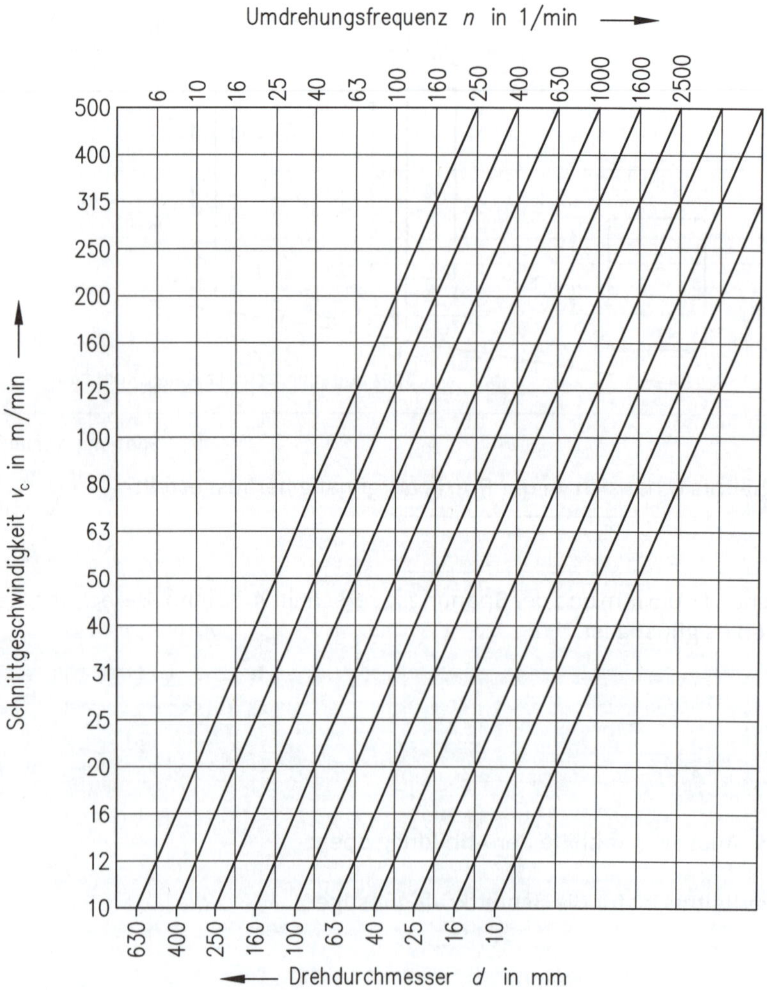

Ermitteln Sie für die folgenden Schnittgeschwindigkeiten und Durchmesser die entsprechenden Drehzahlen. (Ziehen Sie dazu evtl. Geraden im Diagramm.) Wenn der Schnittpunkt von Durchmesser- und Schnittgeschwindigkeitslinie nicht auf einer Drehzahllinie liegt, wählen Sie die nächstniedrigere Drehzahl.

v_c	d	n
50 m/min	40 mm	______ $\frac{1}{min}$
80 m/min	100 mm	______ $\frac{1}{min}$
315 m/min	63 mm	______ $\frac{1}{min}$

E Überlastung der Maschine

Mit welchen technischen Vorkehrungen kann eine Überlastung der Werkzeugmaschine durch zu hohe Schnittkraft vermieden werden?

F Spanbildung

Um einen störungsfreien Fertigungsablauf bei Dreharbeiten zu erreichen, sind bestimmte Spanformen notwendig.

① Kreuzen Sie die Spanformen an, die für den Fertigungsablauf vorteilhaft sind.

Bandspan

Wendelspan lang

Wirrspan

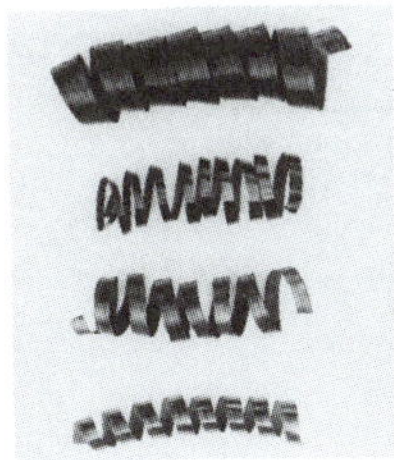
Wendelspan kurz

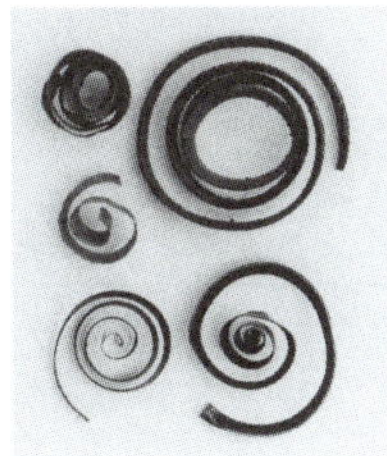
Spiralspan

Spiralspan-stücke

② Wodurch wird die Spanbildung beim Drehen beeinflusst?

a) Werkstück: ______________________

____

b) Werkzeug: ______________________

____

c) Maschineneinstellung: ______________________

____

→ **Spanbildung**

③ Benennen Sie die abgebildeten Spanarten und geben Sie deren Merkmale an.

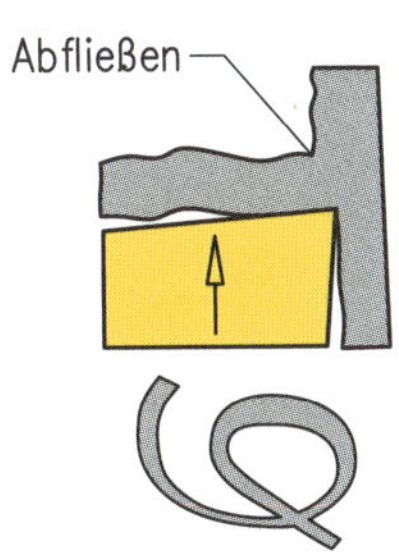

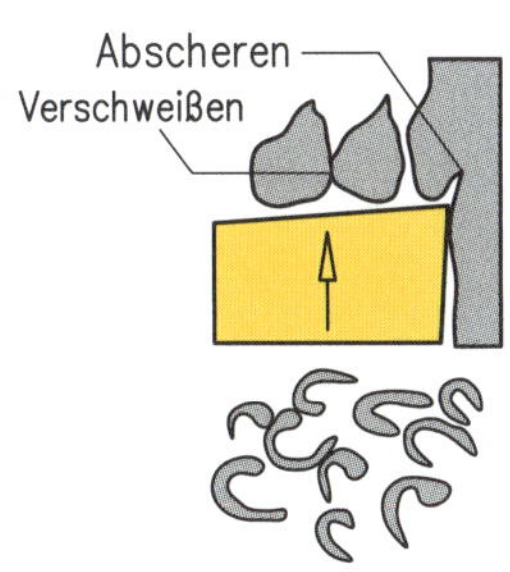

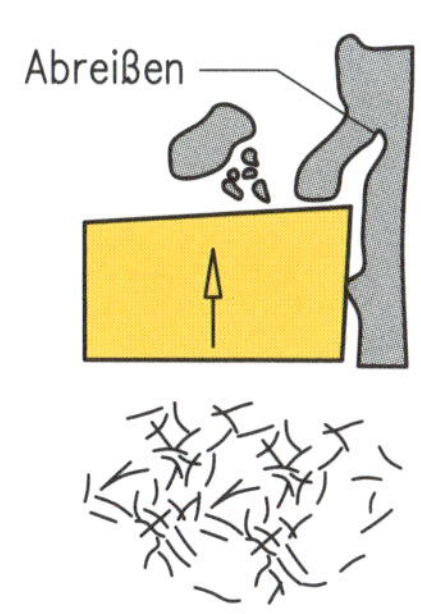

Spanart: ______________ ______________ ______________

Kennzeichen: ______________ ______________ ______________

G Standzeit

① Was versteht man unter der Standzeit einer Werkzeugschneide?

____

Wann ist die Standzeit einer Werkzeugschneide überschritten?

____

____

② Welche Faktoren beeinflussen hauptsächlich die Standzeit?

a) ______________________________

b) ______________________________

c) ______________________________ → **Standzeit**

d) ______________________________

e) ______________________________

③ Welche Folgen hat eine abgenutzte Werkzeugschneide

für das **Werkstück**?	für die **Werkzeugmaschine**?
______________________________	______________________________
______________________________	______________________________

____

H Aufbauschneide

① Wie entsteht eine Aufbauschneide?

Eine Aufbauschneide entsteht, wenn

____

____

____

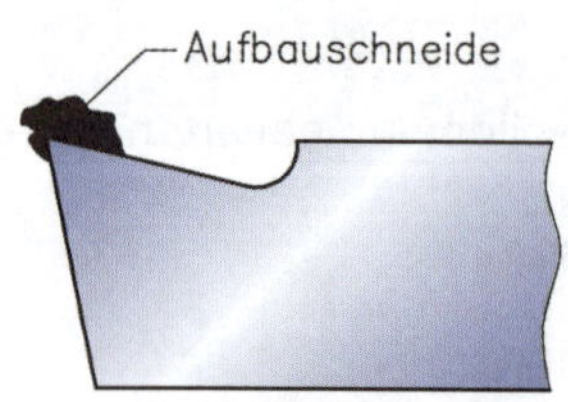

Beispiel: Drehmeißel

② Welche Ursachen kann eine Aufbauschneide haben?

a) ______________________________

b) ______________________________

c) ______________________________

③ Welche Nachteile hat eine Aufbauschneide?

____

____

____

I Oberflächengüte

Die Oberfläche eines abgedrehten Teils ist rau und unsauber.
Welche Ursachen können dafür vorliegen?

a) ______________________

b) ______________________

c) ______________________

d) ______________________

e) ______________________

f) ______________________

g) ______________________

→ **raue, unsaubere Oberfläche**

K Fertigungszeit und Fertigungskosten

① „Zeit ist Geld." Dieser bei der Produktion häufig zitierte Satz zielt vor allem darauf ab, dass Arbeitslöhne und Werkzeugmaschinen in unserem Land verhältnismäßig teuer sind.
Ergänzen Sie die folgenden Sätze, die mit diesem wirtschaftlichen Sachverhalt zu tun haben.

a) Die Konkurrenzfähigkeit eines Betriebs hängt u. a. ab von ______________________

b) Der Preis eines Werkstücks hängt u. a. ab von ______________________

c) Je kleiner die Fertigungszeit ist, umso ______________________

d) Ein Betrieb legt deshalb in der Regel Wert darauf, ______________________

② Wodurch könnte beim Drehen eines Werkstücks die Fertigungszeit grundsätzlich gesenkt werden?

a) ______________________

b) ______________________

c) ______________________

d) ______________________

e) ______________________

f) ______________________

→ **Senkung der Fertigungszeit**

③ Warum sind diese Maßnahmen nicht immer durchführbar?

____

____

Berechnungen zum Spanungsquerschnitt, zum Zeitspanungsvolumen und zur Schnittkraft

Eine spanabhebende Werkzeugmaschine arbeitet umso wirtschaftlicher, je größer das Volumen (mm^3 oder cm^3) aller Späne ist, das sie in einer bestimmten Zeit (1 min) vom Werkstück abheben kann ≙ Zeitspanungsvolumen.

	Spanungsquerschnitt	Zeitspanungsvolumen	Schnittkraft
Drehen	$A = a_p \cdot f$ $[mm^2]$	$Q = A \cdot v_c$ $\left[\frac{cm^3}{min}\right]$	$F_c = A \cdot k_c \cdot C_1 \cdot C_2$ [N]
Bohren	$A = \frac{d \cdot f}{4}$ $[mm^2]$	$Q = A \cdot v_c$ $\left[\frac{cm^3}{min}\right]$	

A Spanungsquerschnitt (beim Bohren je Schneide)
a_p Schnitttiefe (Zustellung)
f Vorschub je Umdrehung

Q Zeitspanungsvolumen
v_c Schnittgeschwindigkeit

F_c Schnittkraft
k_c spezifische Schnittkraft in N/mm^2 (abhängig von Spanungsdicke; s. Tab.buch)
C_1 Korrekturfaktor für den Schneidstoff
C_2 Korrekturfaktor für den Schneidenverschleiß

① Eine Welle aus S 235 mit ⌀ 100 mm wird in einem Schnitt auf ⌀ 96 gedreht. Die Schnittgeschwindigkeit ist 200 m/min, der Vorschub 0,3 mm, die spez. Schnittkraft beträgt lt. Tabelle 2 184 N/mm^2 (bei einem Einstellwinkel von 90°). Berechnen Sie
a) die Drehzahl, b) den Spanungsquerschnitt, c) das Zeitspanungsvolumen, d) die Schnittkraft.

② In einen Stahlflansch werden Löcher mit ⌀ 15 mm gebohrt. Die Schnittgeschwindigkeit beträgt 30 m/min, der Vorschub 0,4 mm, die spez. Schnittkraft 2 500 N/mm^2. Berechnen Sie
a) die Drehzahl, b) den Spanungsquerschnitt, c) das Zeitspanungsvolumen, d) die Schnittkraft (je Schneide).

Berechnungen zur Schnitt- und Maschinenleistung

Drehen und Fräsen

Schnittleistung
Drehen

$$P_c = F_c \cdot v_c$$

Fräsen

$$P_c = z_e \cdot F_c \cdot v_c$$

P_c Schnittleistung in kW
F_c Schnittkraft in N
v_c Schnittgeschwindigkeit in m/min
z_e Anzahl der Schneiden im Eingriff

Antriebsleistung
(Maschinenleistung)

$$P_1 = \frac{P_c}{\eta}$$

P_1 Antriebsleistung der Maschine in kW
η Wirkungsgrad der Maschine

① Ein Spannbolzen aus C15 wird in einem Span von ⌀ 70 auf ⌀ 64 abgedreht. Die Schnittgeschwindigkeit wird mit 200 m/min und der Vorschub 0,3 mm gewählt. Der Einstellwinkel ist 90°.

a) Berechnen Sie die Schnittleistung und die benötigte Antriebsleistung der Maschine, wenn der Wirkungsgrad bei 0,72 liegt.

b) Wie verhalten sich die Werte, wenn der Einstellwinkel von 90° auf 42° verändert wird?

Spanungsbreite: ______

Spanungsdicke: ______

Spanungsquerschnitt: ______

Zeitspanungsvolumen: ______

Spezifische Schnittkraft: ______

Schnittleistung: ______

c) Rechnen Sie die letzte Aufgabe mit den gleichen Schnittdaten noch einmal. Gehen Sie jetzt von einem Einstellwinkel von 42° aus.

d) Berechnen Sie bei dem kleineren Einstellwinkel von 42° die Erhöhung der Antriebsleistung der Maschine in Prozent.

② Ein Werkstück aus S 235 mit einer Breite von 80 mm und einer Länge von 150 mm soll 2,5 mm tief überfräst werden. Der Fräser aus HSS hat einen Durchmesser von 100 mm und 8 Schneiden. Die Schnittgeschwindigkeit wird 35 m/min und der Vorschub f_z 0,08 mm gewählt. Berechnen Sie die Drehzahl, den Vorschub, die Schnitt- und Maschinenleistung. Der Wirkungsgrad der Maschine beträgt 0,75. (Besorgen Sie sich notwendige Formeln und Tabellenwerte aus Ihrem Tabellenbuch!)

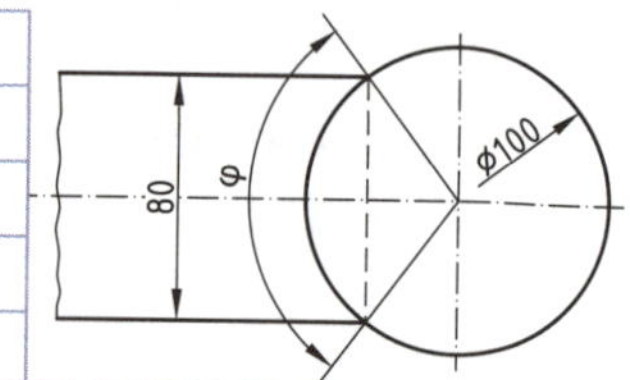

A Bezeichnungen von Wendeschneidplatten

Beim Drehen und Fräsen werden meist Werkzeuge mit Wendeschneidplatten verwendet. Dabei unterscheidet man die Schneidrichtung: R = rechtsschneidend; L = linksschneidend; N = neutral.

① Benennen Sie folgende Plattenformen:

A, B, K  ______________

C, D, E, F, G, M, V  ______________

H, W  ______________

L 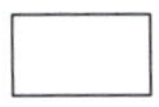 ______________

O 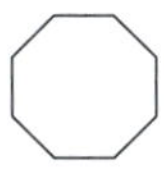 ______________

P 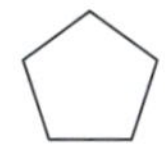 ______________

R  ______________

S 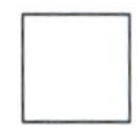 ______________

T 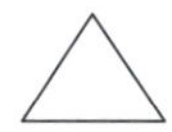 ______________

X ______________

② Die vollständige Norm einer Wendeschneidplatte ist ziemlich lang. Informieren Sie sich an folgendem Beispiel:

C	N	M	H	12	04	08	E	N	P10
Plattenform	Freiwinkel	Toleranzen	Plattentyp (Befestigung und Spanbrecher)	Plattengröße	Plattendicke	Eckenradius	Schneidkanten-ausführung	Vorschubrichtung	Schneidstoff
1	2	3	4	5	6	7	8	9	10

Erläutern Sie mithilfe von Tabellenbuch oder Werkzeugkatalog die oben stehende Norm einer Wendeschneidplatte.

C ______________

N ______________

M ______________

H ______________

12 ______________

04 ______________

08 ______________

E ______________

N ______________

P10 ______________

B Belastungen und Anforderungen

① Welchen Belastungen ist die Werkzeugschneide beim Zerspanungsvorgang ausgesetzt?

a) ______________________

b) ______________________

c) ______________________

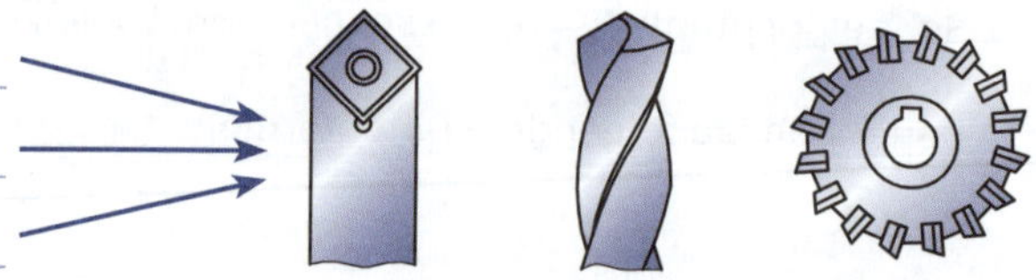

② Welche Eigenschaften muss eine Werkzeugschneide haben, um diesen Belastungen standhalten zu können?

Anforderungen an Werkzeugschneide

- ______________________
- ______________________
- ______________________
- ______________________
- ______________________
- ______________________

C Arten der Schneidstoffe

Welche Schneidstoffe werden im Metallbereich heute verwendet?

Schneidstoffe	Zusammensetzung	besondere Eigenschaften	Verwendung (zerspante Werkstoffe)

D Bezeichnungen harter Schneidstoffe

① Was bedeuten die folgenden Kennbuchstaben und Kennfarben bei harten Schneidstoffen?

P (Kennfarbe ________) ≙ ____________________

M (Kennfarbe ________) ≙ ____________________

K (Kennfarbe ________) ≙ ____________________

N (Kennfarbe ________) ≙ ____________________

S (Kennfarbe ________) ≙ ____________________

H (Kennfarbe ________) ≙ ____________________

② Ordnen Sie die harten Schneidstoffe M 20, M 40 und M 10 nach den folgenden Angaben.

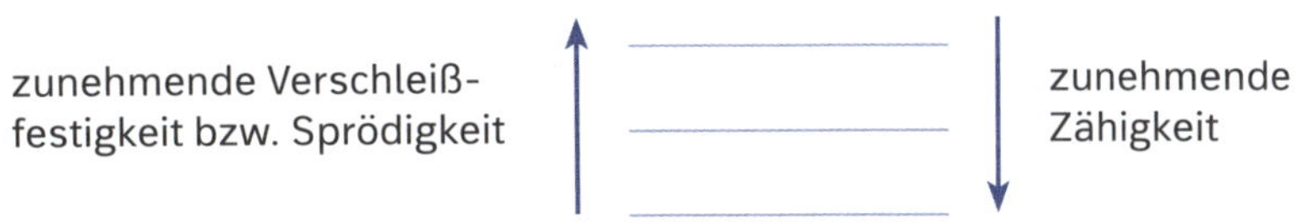

Welche Regeln können Sie der Ziffernfolge entnehmen?

Je niedriger die Zahlen, umso ____________ die Verschleißfestigkeit und Sprödigkeit.

Je niedriger die Zahlen, umso ____________ die Schnittgeschwindigkeit.

Je höher die Zahlen, umso ____________ der Vorschub.

E Beschichtete Schneidwerkzeuge

① Aus welchen Schichten besteht die skizzierte Wendeschneidplatte?

1 ____________________

2 ____________________

Dicke: ________

② Welchen Zweck hat die Beschichtung?

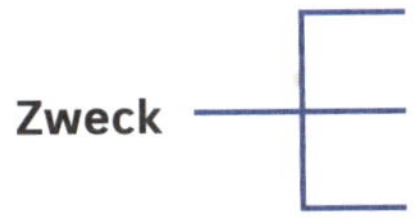

③ Welche Werkstoffe werden zur Beschichtung verwendet?

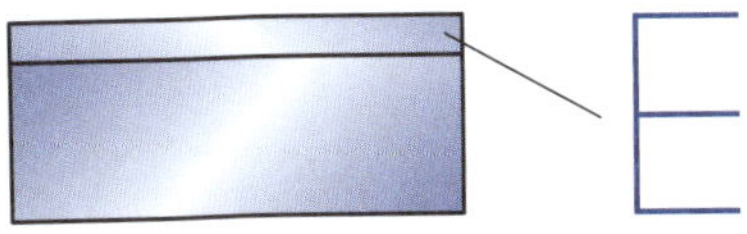

④ Welche Werkzeuge werden vorwiegend beschichtet?

____

____

Vergleichsrechnungen

Eine Welle aus **Gusseisen** soll abgedreht werden. Für die Dreharbeit stehen Drehmeißel mit unterschiedlichen Schneidstoffen zur Verfügung: HSS unbeschichtet – HSS beschichtet – Wendeschneidplatte aus Schneidkeramik – beschichtete Hartmetall-Wendeschneidplatte.

① Ermitteln Sie mithilfe Ihres Tabellenbuchs die empfohlenen Schnittgeschwindigkeiten für diese Schneiden (Durchschnittswerte entnehmen!).

Schneidenwerkstoff	**Schnittgeschwindigkeit**
HSS unbeschichtet	______ m/min
HSS beschichtet	______ m/min
Wendeschneidplatte aus Schneidkeramik	______ m/min
Wendeschneidplatte aus beschichtetem HM	______ m/min

② Ermitteln Sie – ausgehend von HSS unbeschichtet – um wievielfach die Schnittgeschwindigkeit bei den übrigen Schneidenwerkstoffen höher liegt.

③ Das Abdrehen mit dem unbeschichteten HSS dauert 15 s. In welcher Zeit wird die Welle abgedreht, wenn Drehmeißel mit den anderen Werkzeugschneiden verwendet werden?

Höhere Schnittgeschwindigkeiten verkürzen die Fertigungszeit und senken dadurch die Poduktionskosten.

Problemstellung:

Die Schlitten an einer Drehmaschine (Bett-, Plan-, Oberschlitten) werden in Schwalbenschwanzführungen bewegt.

a) Welche Anforderungen werden an die Führungsflächen gestellt?

b) Mit welchen Verfahren lassen sich solche Führungsflächen herstellen?

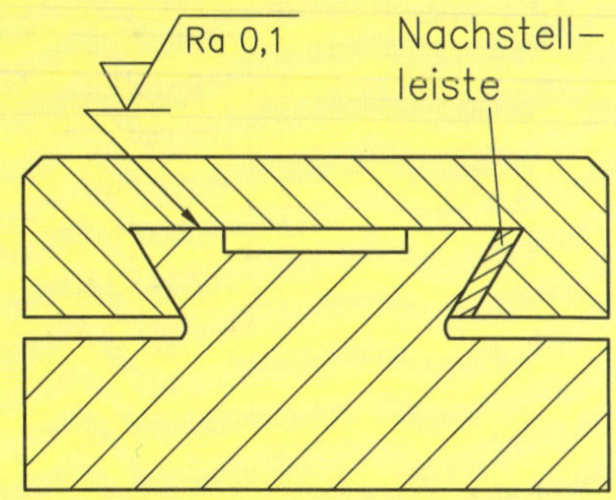

c) Was bedeutet das Zeichen Ra 0,1?

A Zweck

Welche besonderen Eigenschaften können Werkstücke durch Schleifen erhalten?

geschliffene Werkstücke

B Schleifscheibe

Woraus bestehen Schleifscheiben?

C Schleifmittel

Die heute vorwiegend verwendeten Schleifmittel sind: Siliciumkarbid, Edelkorund (Elektrokorund), Diamant, Bornitrid. Ordnen Sie diese in die Tabelle ein.

Schleifmittel	chem. Kurzz.	Normzeichen	natürliche Farbe	bearbeitete Werkstoffe
steigende Härte				

D Körnung

① Was versteht man unter der Körnung einer Schleifscheibe?

Körnung ≙ ______

② Die Größe der Schleifkörner wird mit Körnungsnummern angegeben. Dabei unterscheidet man vier Klassen. Ermitteln Sie diese mithilfe des Tabellenbuchs. Welche Rautiefe *Rz* (vgl. S. 25) lässt sich damit jeweils erzielen?

F4–F24	______ Körnung	*Rz* ≈ ______ µm
F30–F60	______ Körnung	*Rz* ≈ ______ µm
F70–F220	______ Körnung	*Rz* ≈ ______ µm
F230–F2000	______ Körnung	*Rz* ≈ ______ µm

Welche Regel lässt sich daraus ablesen?

Je ______ die **Körnungsnummer**, umso ______ die **Körnung**.

③ Welche Auswirkungen hat die Körnung (Korngröße) auf die Schleifarbeit?

______ ← **Körnung** → ______

Welche Regeln gelten dabei?

Je ______ die **Körnung**, umso ______ die **Schleifzeit**.

Je ______ die **Körnung**, umso ______ die **Oberfläche**.

E Bindung (Bindemittel)

① Welche Aufgabe hat die Bindung?

______

② Welche Arten von Bindemitteln werden hauptsächlich verwendet? Notieren Sie neben die Kurzzeichen die ausführliche Benennung und besondere Eigenschaften.

Kurz-zeichen	ausführliche Benennung	Eigenschaften
V		
B BF		{
R RF		{
M		
G		

F Härte

① Was versteht man unter der Härte einer Schleifscheibe?

Unter der Härte einer Schleifscheibe versteht man ______________________

____

„**Harte**“ Bindungen ≙ ______________________

„**Weiche**“ Bindungen ≙ ______________________

② Die Härte von Schleifscheiben bezeichnet man mit Buchstaben von A bis Z. Ermitteln Sie mithilfe des Tabellenbuchs die Bedeutung der folgenden Kennbuchstaben.

A–D	
E–G	
H–K	
L–O	
P–S	
T–W	
X–Z	

③ Welche Regel gilt für die Auswahl von Schleifscheiben hinsichtlich ihrer Härte?

Harte Werkstoffe verlangen ____________ Schleifscheiben.	**Weiche** Werkstoffe verlangen ____________ Schleifscheiben.

Begründen Sie diese Regel.

____

____

____

____

G Gefüge

① Was versteht man unter dem Gefüge einer Schleifscheibe?

Gefüge ≙ ______________________________

____

② Die unterschiedlichen Gefüge von Schleifscheiben bezeichnet man mit Ziffern von 0 bis 14 (in Sonderfällen bis 30). Ordnen Sie die Gefügezahlen 0, 7, 14 unter dem angegebenen Gesichtspunkt.

sehr offenes Gefüge (große Porenräume) ↑ ______________
____
______________ ↓ sehr dichtes Gefüge

③ Welche Regel gilt für die Auswahl von Schleifscheiben hinsichtlich ihres Gefüges?

Je ______________ Zustellung und Vorschub beim Schleifen sind, umso ______________ sollte das Gefüge der Schleifscheibe sein.

H Normung einer Schleifscheibe

Was bedeutet das folgende Kurzzeichen für eine Schleifscheibe?

Schleifscheibe ISO 603-1 1 A-250 x 25 x 76-A/F54 M 4 V-50

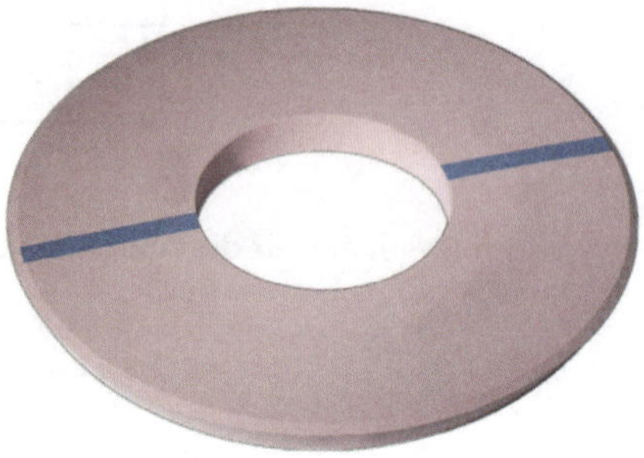

____

I Aufspannen der Schleifscheibe

Welche Vorschriften oder Arbeitsgänge müssen beachtet werden, wenn Schleifscheiben auf Schleifspindeln aufgespannt werden?

a) ______________
b) ______________
c) ______________
d) ______________
e) ______________
f) ______________
g) ______________

K Schleifverfahren

① Schleifverfahren werden bezeichnet nach der Form, die das **Werkstück** erhält. Wie bezeichnet man danach die beiden dargestellten Schleifverfahren?

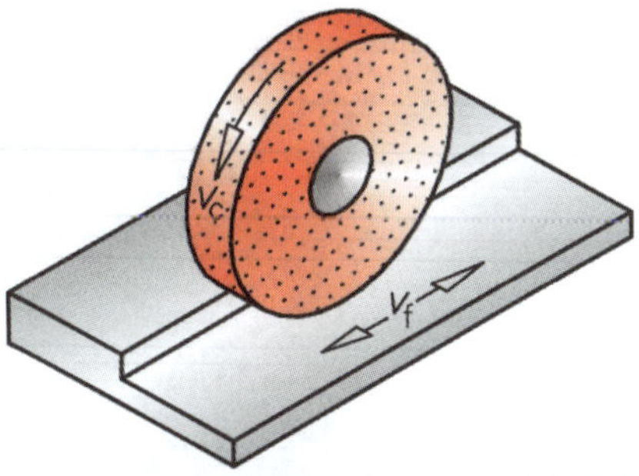

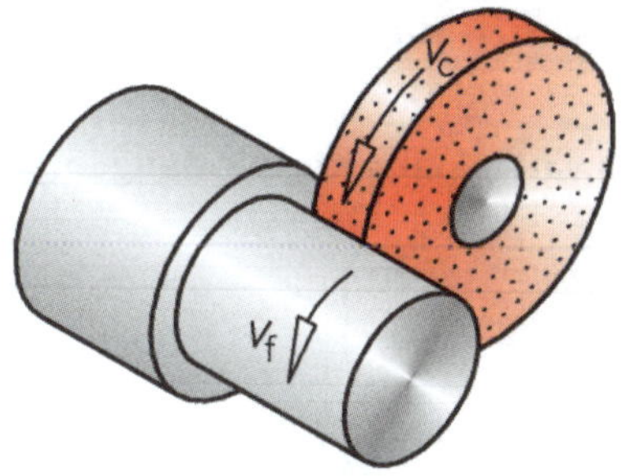

______________________________ ______________________________

② Wie werden die Werkstücke auf dieser Schleifmaschine gespannt?

____

____

____

Wie werden die Werkstücke auf dieser Schleifmaschine gespannt?

____

____

____

L Schnittgeschwindigkeit

① In welcher Einheit wird die Schnittgeschwindigkeit bei den folgenden Zerspanungsverfahren angegeben?

Bohren	Drehen	Schleifen	Fräsen	Bandsägen
______	______	______	______	______

② Aus Gründen des Unfallschutzes wird bei Schleifscheiben die höchstzulässige Umfangsgeschwindigkeit (≙ Schnittgeschwindigkeit) mit einem Farbstreifen angegeben, der sich quer über die Scheibe zieht. Erläutern Sie die folgenden Farben mithilfe Ihres Tabellenbuchs.

m/s	m/s	m/s	m/s	m/s	m/s	m/s

Berechnungen zur Schnittgeschwindigkeit beim Schleifen

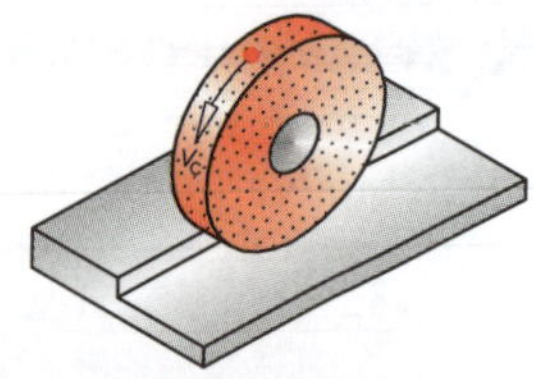

Die Schnittgeschwindigkeit beim Schleifen entspricht der Umfangsgeschwindigkeit der Schleifscheibe. Sie ist der Weg, den ein Punkt am Umfang der sich drehenden Schleifscheibe in 1 Sekunde zurücklegt.
Sie wird gemessen in m/s.

Schnittgeschwindigkeit = Kreisumfang [m] · Drehzahl $\left[\frac{1}{s}\right]$

$v_c = \pi \cdot d \cdot n \quad \left[\frac{m}{s}\right]$ ☞ *d* in m, *n* pro s einsetzen!

oder

$v_c = \frac{\pi \cdot d \cdot n}{1\,000 \cdot 60} \quad \left[\frac{m}{s}\right]$ ☞ *d* in mm, *n* pro min einsetzen!

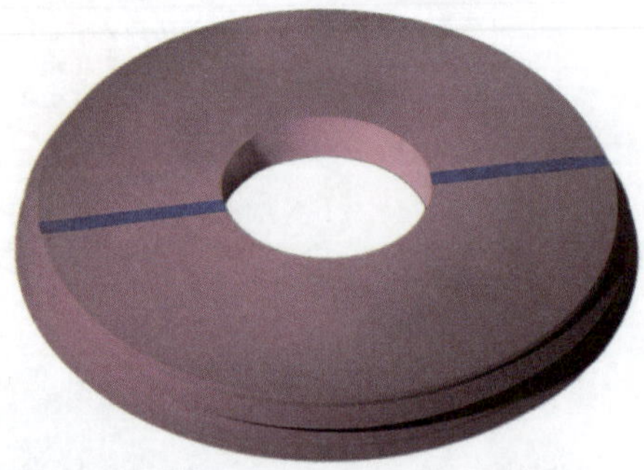

① Eine Schleifscheibe ist mit einem blauen Streifen gekennzeichnet. Die Schleifmaschine macht 4 500 Umdrehungen pro Minute, der Durchmesser der Schleifscheibe beträgt 200 mm. Wird die höchstzulässige Schnittgeschwindigkeit eingehalten?

② Die höchstzulässige Schnittgeschwindigkeit einer Schleifscheibe beträgt 35 m/s, der Durchmesser der Scheibe ist 250 mm. Wie hoch darf die Drehzahl höchstens sein?

③ Eine Schleifmaschine macht 2 800 Umdrehungen pro Minute. Die Schnittgeschwindigkeit soll höchstens 40 m/s betragen. Wie groß darf der Durchmesser der Scheibe höchstens sein?

Problemstellung:

Die Oberfläche einer abgedrehten Welle ist rau und unsauber.
Welche Ursachen kann dieser Qualitätsmangel haben?

a) ______
b) ______
c) ______
d) ______
e) ______
f) ______
g) ______

→ **raue Oberfläche**

A Rauheit

① Um die Rauheit einer Werkstückoberfläche beschreiben zu können, wurde am stark vergrößerten Modell einer Oberfläche (s. Skizze) eine Reihe von Begriffen entwickelt. Notieren Sie diese Fachbegriffe für die Ziffern in der Skizze.

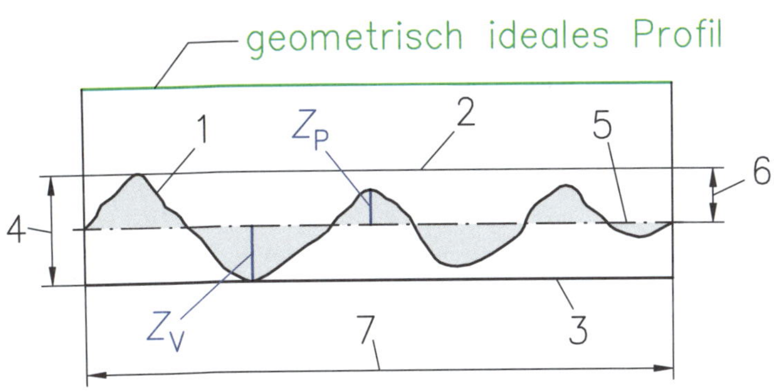

1 ______
2 ______
3 ______
4 ______
5 ______
6 ______
7 ______

Begriffbestimmungen:

a) **Rautiefe *Rt*** ≙ ______

b) **gemittelte Rautiefe *Rz*** ≙ ______

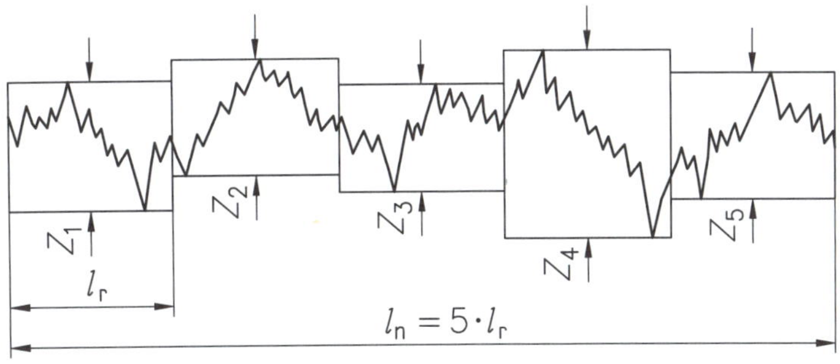

$$Rz = \frac{Z_1 + Z_2 + Z_3 + Z_4 + Z_5}{5}$$

c) **Mittenrauwert *Ra*** ≙ ______________________________

____

____

d) **Glättungstiefe *Rp*** ≙ ______________________________

____

____

② In welcher Maßeinheit wird die Rauheit gemessen?

Rauheit

______

Wird in technischen Zeichnungen die vorgeschriebene Oberfläche zahlenmäßig angegeben, so müssen sich die Zahlenangaben auf ______ oder ______ beziehen.

③ Spanabhebende Verfahren, wie Drehen, Honen oder Feilen, hinterlassen auf der Werkstückoberfläche systematisch angeordnete Spuren (Rillen, Riefen). Kennzeichnen Sie mit einem Pfeil, in welcher Richtung das Prüfgerät geführt werden muss, wenn die Rauheit ermittelt werden soll.

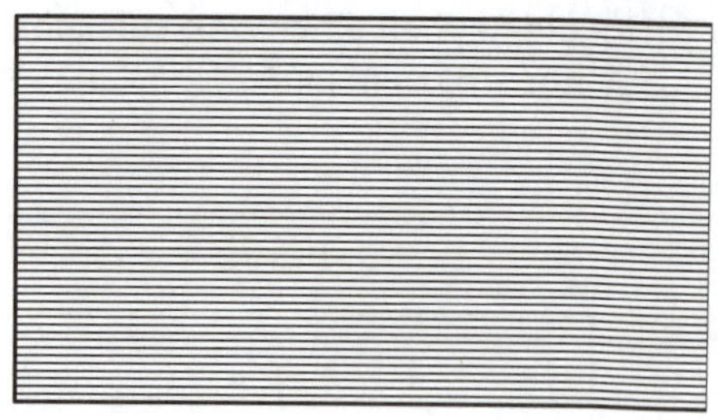

B Rautiefe und Fertigungsverfahren

Mit welchen Fertigungsverfahren können die folgenden *Rz*-Werte erreicht werden?

Rz	Fertigungsverfahren
100–400 µm	
10–100 µm	
1–10 µm	
0,1–1 µm	

C Angaben zur Oberflächenbeschaffenheit

Für die Funktion eines Bauteils ist oft eine hohe Oberflächengüte notwendig. Andererseits ist die Herstellung einer hohen Oberflächengüte teuer (Maschinen, Zeit).
Für die Oberflächengüte gilt deshalb die Regel:

____

① Technische Zeichnungen enthalten für die Fertigung Angaben zur Oberflächenbeschaffenheit der einzelnen Flächen des Werkstücks.

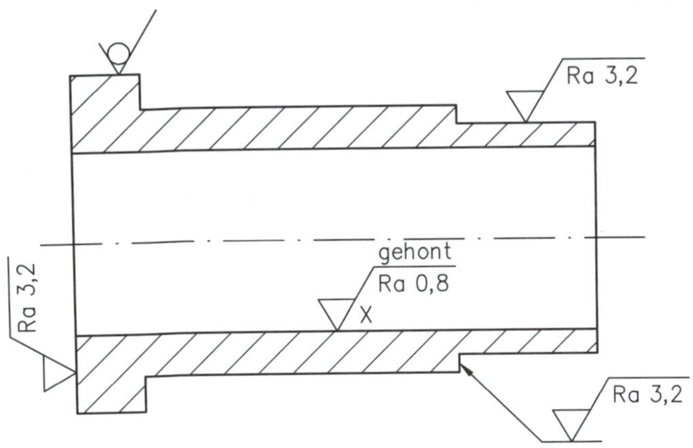

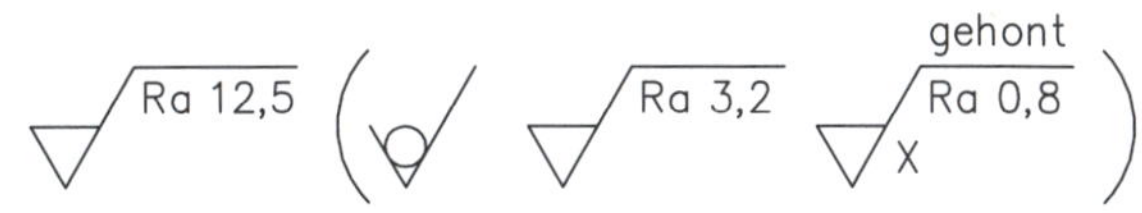

Was bedeuten die Symbole in der Zeichnung und die zusätzlich angegebenen Symbole, die in Zeichnungen vorkommen können?

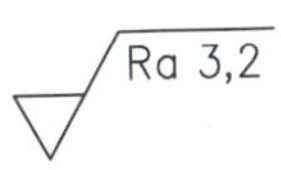

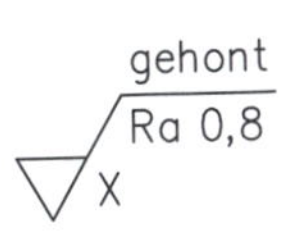

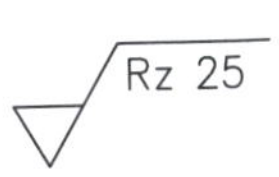

② Technische Zeichnungen können auch Angaben enthalten, wie die Rillen (Riefen) auf bestimmten Flächen des Werkstücks verlaufen sollen.
Was bedeuten in diesem Zusammenhang die folgenden Symbole?
Zeichnen Sie die Riefenrichtung jeweils in die Draufsicht ein.

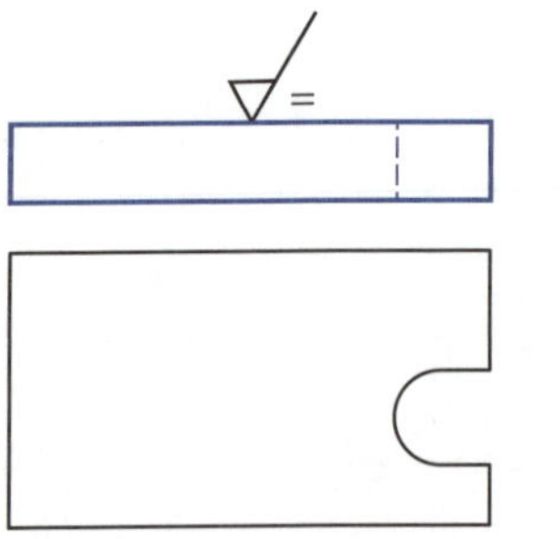

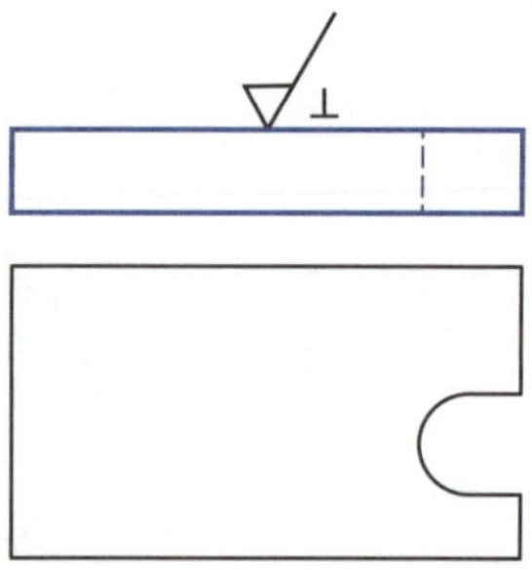

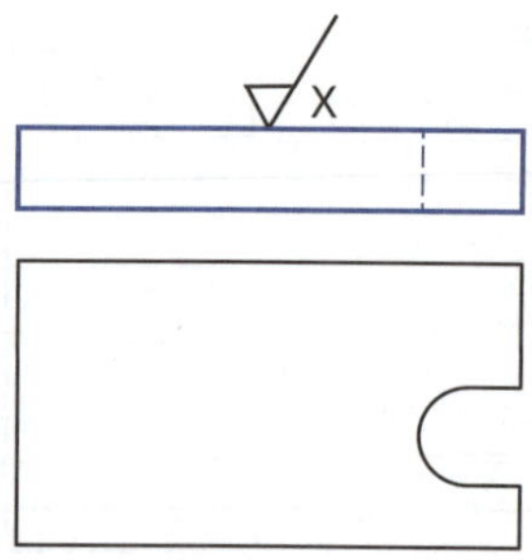

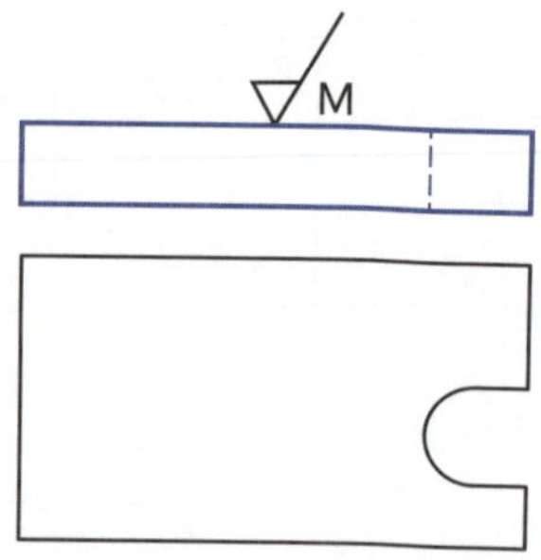

D Prüfverfahren

Mittenrauwert *Ra* in µm								
12,5	6,3	3,2	1,6	0,8	0,4	0,2	0,1	0,05

① Wie erfolgt die Oberflächenprüfung mit dem abgebildeten Oberflächen-Vergleichsmuster?

1. Prüfmöglichkeit:

2. Prüfmöglichkeit:

② Wie bezeichnet man das abgebildete bzw. skizzierte Gerät zur Oberflächenprüfung?
Geben Sie kurz das Prinzip an, auf dem das Prüfverfahren beruht.

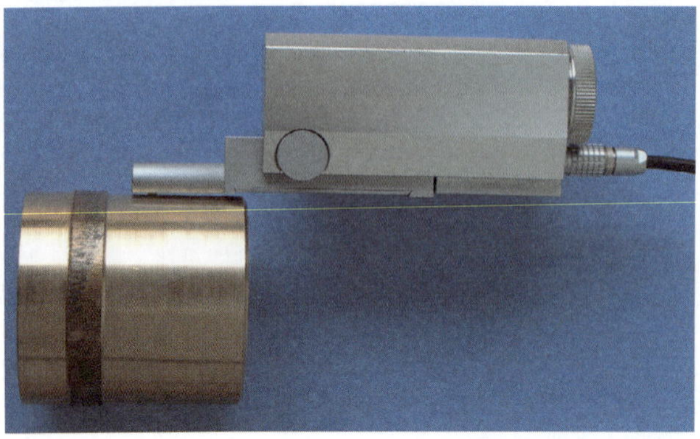

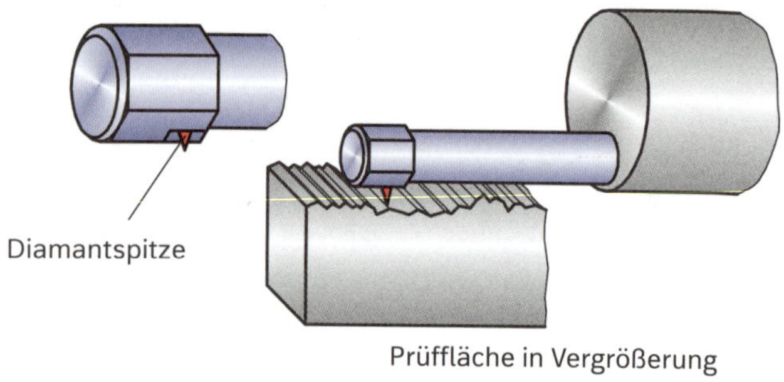

(Bezeichnung)

Prinzip:

Im Schaltgetriebe der Zeichnung S. 129 ist die Schaltklaue (Pos. 65) abgenutzt und soll erneuert werden. Planen Sie die Fertigung des Ersatzteils und bereiten Sie die Fertigung vor.

Informieren/orientieren Sie sich, indem Sie ...
- sich in die Gesamtzeichnung einlesen,
- sich mit der Funktion des Schaltgetriebes vertraut machen,
- sich mit dem Werkstoff der Schaltklaue beschäftigen,
- sich die Befestigung der Schaltklaue überlegen.

Planen/entscheiden Sie, indem Sie ...
- die Teilzeichnung der Schaltklaue (Pos. 65) ergänzen,
- das Werkstück bemaßen,
- Toleranzen festlegen,
- die Oberflächen entsprechend ihrer Funktion tolerieren.

Führen Sie aus, indem Sie ...
- einen Arbeitsplan schreiben,
- Werkzeuge und Schnittdaten auswählen,
- die Werkstückspannung bestimmen,
- Materialkosten berechnen,
- Fertigungszeiten berechnen.

Kontrollieren Sie, indem Sie ...
- ein Prüfprotokoll erstellen,
- Ihren Arbeitsplan mit dem Arbeitsplan Ihrer Mitschüler vergleichen.

Bewerten und dokumentieren/präsentieren Sie, indem Sie ...
- die gesamte Lernsituation kritisch überdenken,
- Kritikpunkte, Verbesserungen und deren Umsetzung überlegen,
- in Gruppen ein Fachgespräch führen.

Information

Schaltgetriebe

Informieren Sie sich über das Schaltgetriebe S. 129 und beantworten Sie dazu folgende Fragen:

① Um welche Getriebeart handelt es sich beim Schaltgetriebe S. 129?

② Geben Sie unter Angabe von Benennung und Pos.-Nummer den Kraftfluss durch das Getriebe an, wenn der Blockierhebel (Pos. 71) auf Schaltstufe I steht. Beginnen Sie an der Antriebsseite mit der Passfeder (Pos. 25).

③ Erläutern Sie den Schaltvorgang des Getriebes. Der Blockierhebel (Pos. 71) ist mit einem Stift eingerastet (siehe Ansicht, S. 129).

④ Folgende Werkstoffe stehen für die Fertigung der Schaltklaue zur Auswahl. Erläutern Sie die Kurzzeichen.

EN-GJL 220

16MnCr5

AlMg 1

CuZn40Pb2

PE-HD

⑤ Wählen Sie für die Herstellung der Schaltklaue einen der gegebenen Werkstoffe aus und begründen Sie seine Verwendung.

Planung

① Ergänzen Sie die Teilzeichnung der Schaltklaue (Pos. 65) aus dem Schaltgetriebe S. 129 durch die Draufsicht im Maßstab 1:1. Die Gesamtzeichnung hat den Maßstab 1:5. Das Zahnrad (Pos. 43) hat eine Breite von 35–0,1, der Schalthebel (Pos. 64) hat eine Dicke von 35–0,1 und eine Bohrung 15H7.

② Bemaßen Sie das Werkstück funktionsgerecht.

③ Tragen Sie die Oberflächenangaben in die Zeichnung ein. Die Außenmaße 50x30 bleiben im Anlieferungszustand. Alle übrigen Flächen sollen geschlichtet werden mit *Rz* 6,3.

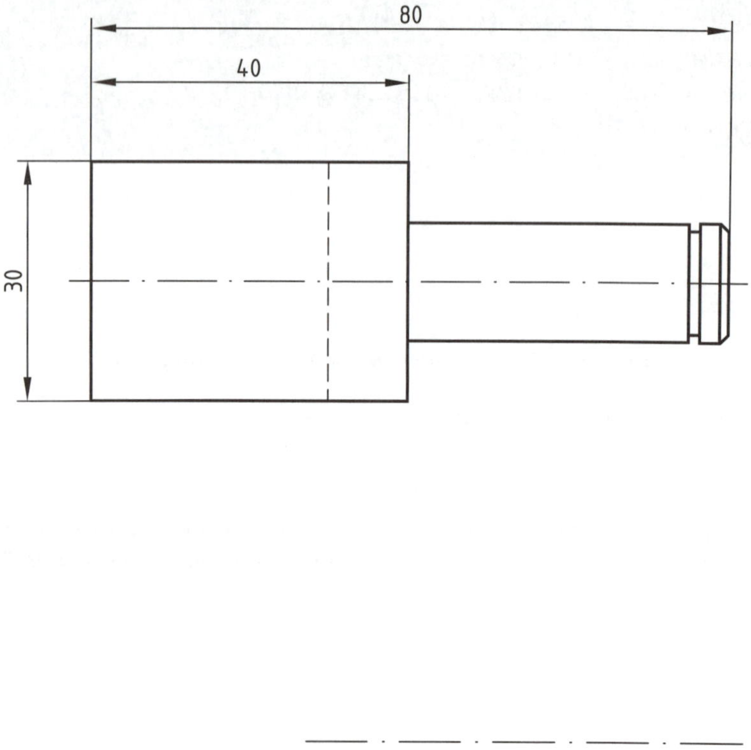

Ausführung

① Erstellen Sie eine Vorplanung zur Herstellung der Schaltklaue. Legen Sie die Fertigungsverfahren fest und überlegen Sie mögliche Spannmittel.

Fertigungsverfahren	**Spannmittel (Möglichkeiten der Spannung)**

② Erstellen Sie den Arbeitsplan für die Fertigung der Schaltklaue. Verwenden Sie für das Drehen die Richtwerte mit beschichteten Hartmetall-Werkzeugen und für das Fräsen die Richtwerte mit HSS-Fräsern und entscheiden Sie sich für eine Spannung des Werkstücks.

Arbeitsplan für:	Zeichnungs-Nr.:	Stückzahl:
Fertigungsverfahren:	Maschine:	Datum:
Rohteil:	Werkstoff:	Ersteller:

Nr.	Arbeitsfolge	Werkzeug	Schnittgeschw.	Drehzahl
1				
2				
3				
4				
5				
6				
7				
8				
9				
10				
11				
12				
13				
14				
15				
16				

③ Berechnen Sie die Materialkosten für die Schaltklaue. Rechnen Sie mit einem Preis von 9,20 EUR/kg.

④ Berechnen Sie die Hauptnutzungszeit für das Längs-Runddrehen vom rechteckigen Querschnitt auf den Durchmesser von 15,5 mm. Wählen Sie eine Schnitttiefe von 2,5 mm und einen Vorschub von 0,3 mm (l_a = 1 mm).

Kontrolle

① Erstellen Sie für die Qualitätskontrolle ein Prüfprotokoll für alle tolerierten Maße.

Prüfmerkmal	Sollmaß		Prüfmittel	Istmaß	Bemerkung
	Höchstmaß	Mindestmaß			

② Welche Möglichkeiten kennen Sie, um die tolerierten Oberflächen zu prüfen?

③ Vergleichen Sie Ihre Arbeitsergebnisse in Gruppenarbeit mit Ihren Mitschülern.

Bewertung

① Welche geometrische Tolerierung wurde in der bearbeiteten Aufgabe „Schaltklaue“ aus Vereinfachung nicht angesprochen?

② Bewerten und begründen Sie Ihre Arbeitsergebnisse.
Bereiten Sie ein Fachgespräch vor.
Reagieren Sie sachbezogen auf Kritik und Verbesserungsvorschläge.

Problemstellung:

Welche Eigenschaften werden von den Laufbahnen und Wälzkörpern eines Wälzlagers verlangt?

____

____

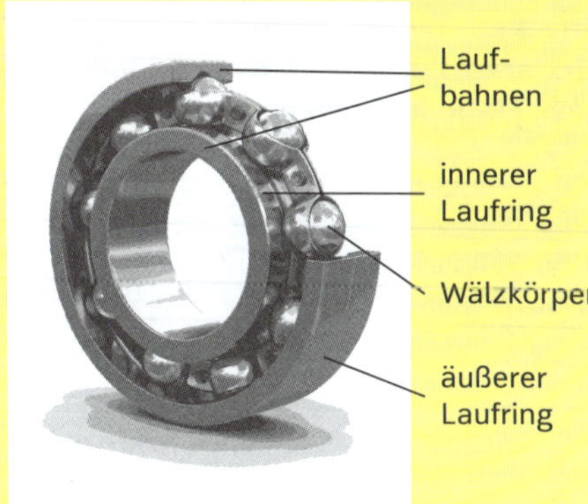

Stellen Sie Vermutungen an,
- mit welchen Produktionsverfahren diese Eigenschaften erreicht werden können und
- wie man kontrollieren könnte, ob die Wälzlagerteile die geforderten Eigenschaften aufweisen.

A Gestaltabweichung

① Welche grundsätzlichen Arten der Gestaltabweichung unterscheidet man?

ideale Gestalt	tatsächl. Gestalt	Bezeichnung der Gestaltabweichung	Ursachen der Gestaltabweichung
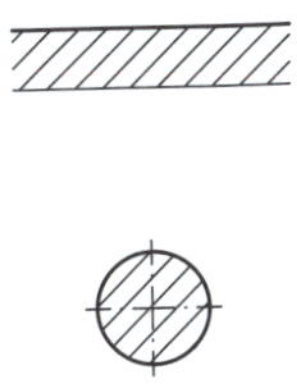	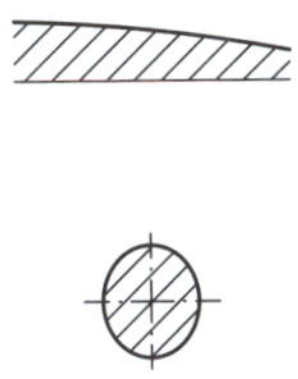		
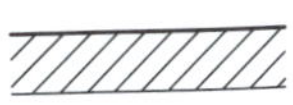			
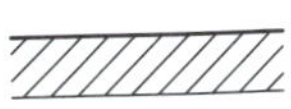	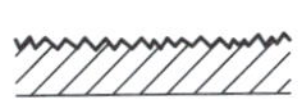		

② Das Oberflächenprofil, das von Prüfgeräten ermittelt wird (≙ Istprofil oder P-Profil), enthält zunächst alle Arten der Gestaltabweichung: Formabweichung, Welligkeit, Rauheit.

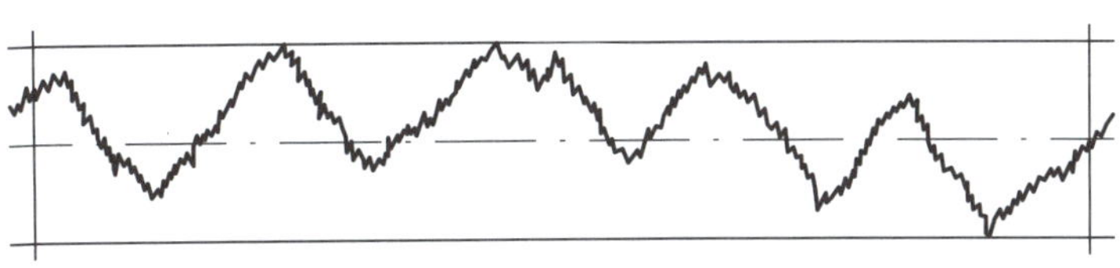

Istprofil
(P-Profil ≙ **P**rimärprofil)

Übertragen Sie – frei Hand – nur die Welligkeit aus dem Istprofil.

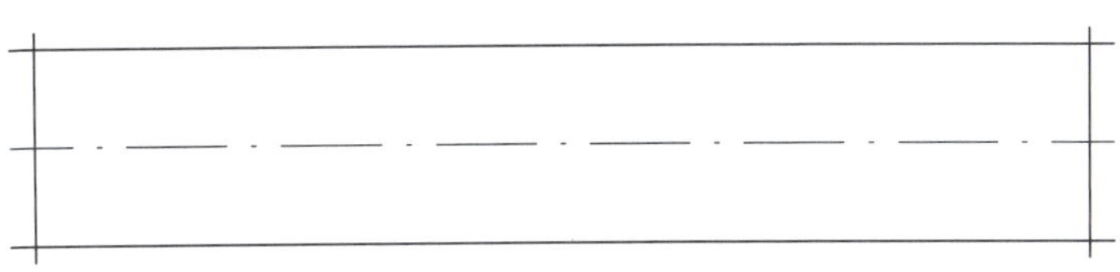

Welligkeitsprofil
(W-Profil)

Welche Formabweichung deutet dieses Welligkeitsprofil an?

____

B Geometrische Tolerierung (DIN EN ISO 1101)

① Ergänzen Sie die Tabelle mit den jeweiligen geometrischen Tolerierungen.
Erklären Sie die beiden dargestellten Beispiele ausführlich. (Tabellenbuch benutzen!)

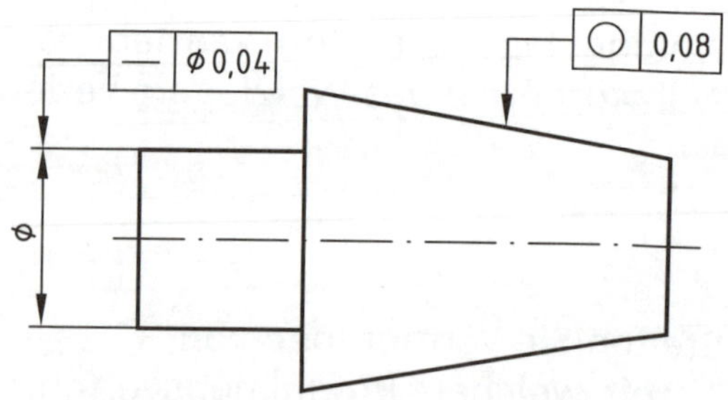

Tolerierung von Form, Richtung, Ort und Lauf:

	Sinnbild	tolerierte Eigenschaft	Sinnbild	tolerierte Eigenschaft
Formtoleranzen	—	Ausführliche Erklärung:	○	Ausführliche Erklärung:
	▱		⌭	
	⌒		⌓	
Richtungstoleranzen	//		⊥	
	∠			
Ortstoleranzen	⌖		◎	
	⌯			
Lauftoleranzen	↗		⌰	

② Tragen Sie jeweils die geforderten geometrischen Tolerierungen normgerecht ein. (Tabellenbuch benutzen!)

a) Die Achse des Exzenterzapfens muss parallel zur Achse der Welle liegen; sie darf von dieser nur innerhalb eines gedachten Zylinders mit 0,05 mm Durchmesser abweichen. Zudem muss die Mantelfläche des Zapfens zwischen zwei gedachten koaxialen Zylindern mit 0,08 mm Abstand liegen.

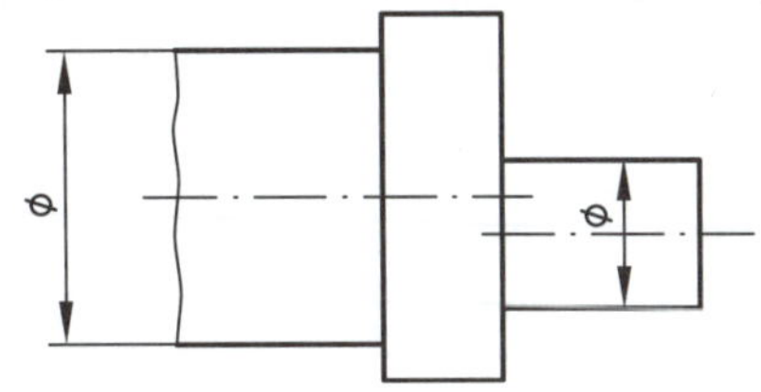

b) Die untere Führungsfläche muss zwischen zwei gedachten parallelen Ebenen mit 0,07 mm Abstand liegen. Die schräge Fläche muss zwischen zwei gedachten parallelen Ebenen mit 0,2 mm Abstand liegen, die im theoretisch genauen Winkel von 30° zur unteren Fläche geneigt sind.

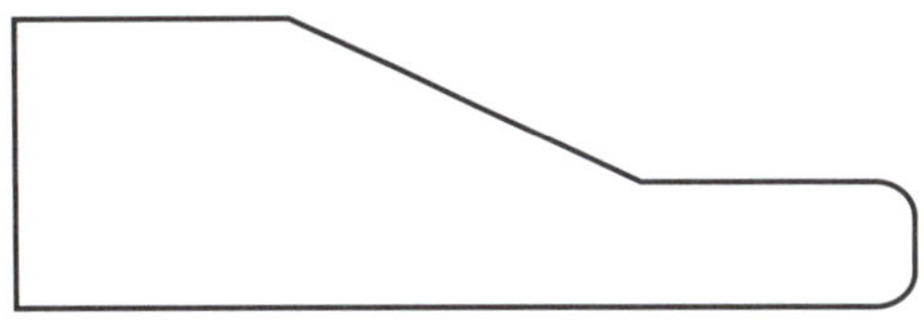

c) Bei Drehung der Welle um die Achsen der beiden Lagerzapfen darf die Mantelfläche der Riemenscheibe in jeder Messebene senkrecht zur Achse eine Rundlaufabweichung von höchstens 0,1 mm haben.

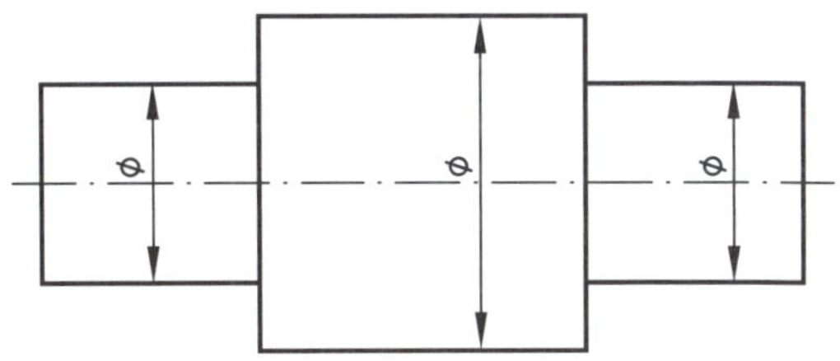

d) Die Bohrungsachse muss von den beiden Bezugskanten jeweils einen theoretisch genauen Abstand von 15 mm haben; sie darf von diesen Bezugskanten nur innerhalb eines gedachten Zylinders mit 0,1 mm Durchmesser abweichen. Zudem ist die Rechtwinkligkeit der linken Bezugskante zur unteren Kante so toleriert, dass die linke Bezugskante zwischen zwei gedachten parallelen Ebenen mit Abstand 0,2 mm liegen muss.

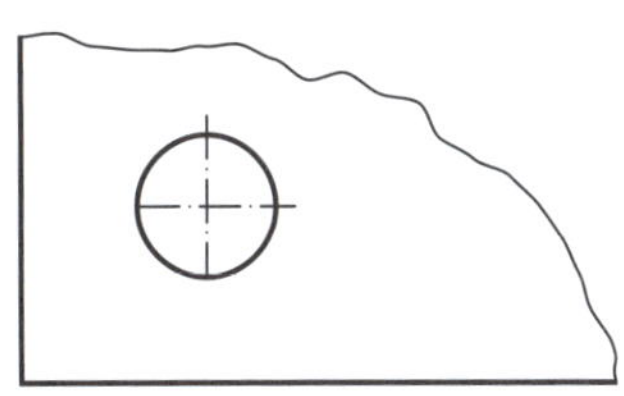

Problemstellung:

Die Lagerzapfen dieser Zahnradwelle laufen in Gleitlagern, die in Bohrungen des Maschinengehäuses stecken. Lagerzapfen sollen möglichst verschleißfest (abriebfest) sein. Wie könnte dies erreicht werden?

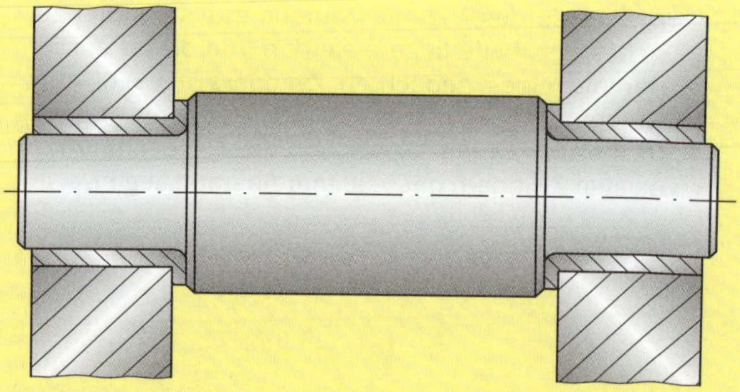

1 Grundsätzliches zu Gefüge und Gefügeumwandlung

A Zweck der Wärmebehandlung

Welchen Zweck hat die Wärmebehandlung von Stählen?

Wärmebehandlung ⇒ ____________ ⇒ **bestimmte Eigenschaften, z. B. gesteigerte Härte, höhere Festigkeit**

B Gefügezustände des Stahls

Eisen-Kohlenstoff-Schaubild (unlegierter Stahl)

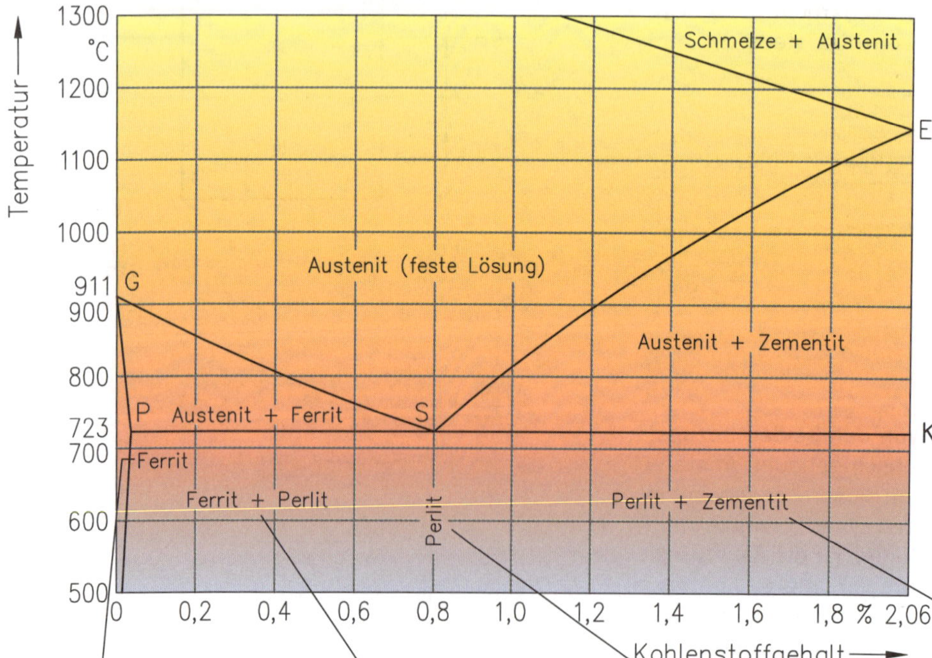

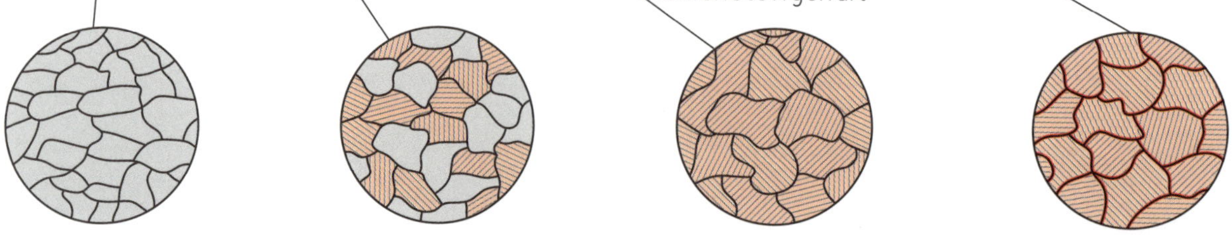

Ferrit-Gefüge | Ferrit-Perlit-Gefüge | Perlit-Gefüge | Perlit-Zementit-Gefüge

① Welcher Bestandteil in unlegiertem Stahl ist entscheidend für den Gefügezustand des Stahls?

____

② Wie bezeichnet man Stähle mit folgendem Kohlenstoffgehalt?

Stahl mit 0,8 % C ≙ ______________ Stahl

Stahl mit weniger als 0,8 % C ≙ ______________ Stahl

Stahl mit mehr als 0,8 % C ≙ ______________ Stahl

③ Erläutern Sie die folgenden Gefügezustände von Stahl.

Ferrit	
Zementit	
Perlit	
Austenit	
Martensit	

C Gefügeumwandlung beim Erwärmen und Abkühlen

① Bei welcher Temperatur geht unlegierter Stahl mit 0,8 % C-Gehalt schlagartig in Austenit über?

Umwandlungspunkt

______ °C

Wie verhalten sich unlegierte Stähle mit mehr oder weniger als 0,8 % C-Gehalt hinsichtlich der Umwandlung des Gefüges in Austenit?

② Welche Gefügezustände durchläuft ein unlegierter Stahl mit 0,8 % C-Gehalt bei der folgenden Wärmebehandlung?

vor der Erwärmung	nach Erwärmung auf 723 °C	nach **langsamem** Abkühlen
______ ⇒	______ ⇒	______

vor der Erwärmung	nach Erwärmung auf 723 °C	nach **raschem** Abkühlen
______ ⇒	______ ⇒	______

D Atomare Vorgänge bei der Gefügeumwandlung

Welche atomaren Vorgänge ereignen sich in unlegiertem Stahl bei der folgenden Wärmebehandlung?
Ergänzen Sie dazu die folgende Übersicht. (Eisenatom ○, Kohlenstoffatom ●)

vor der Erwärmung	nach Erwärmung auf 723 °C	nach **raschem** Abkühlen
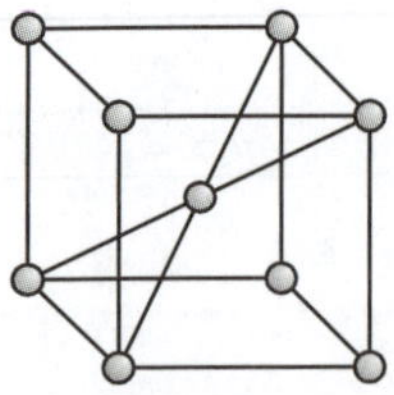 ________ -zentriertes Gitter	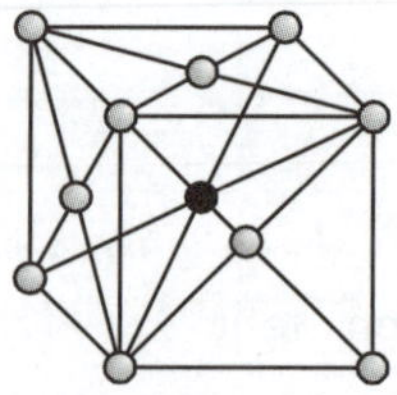 ________ -zentriertes Gitter	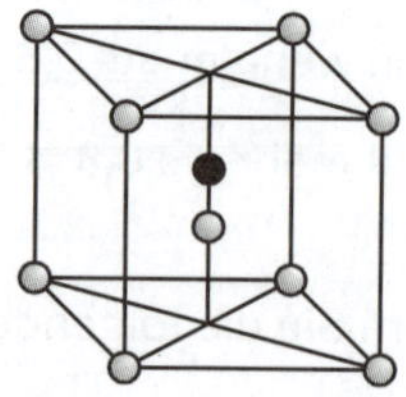 ________ -zentriertes Gitter („verspannt“)
In der Würfelmitte: ________	In der Würfelmitte: ________	In der Würfelmitte: ________
Gefügebezeichnung: ________	Gefügebezeichnung: ________	Gefügebezeichnung: ________

E Arten der Wärmebehandlung

Welche drei grundsätzlichen Arten der Wärmebehandlung unterscheidet man?

Wärmebehandlungs-arten

________	________	________
Vorgang: ________	**Vorgang:** ________	**Vorgang:** ________

2 Glühen

A Glühvorgang (grundsätzlicher Ablauf)

In welchen drei Schritten vollzieht sich das Glühen?

a) ________

⇓

b) ________

⇓

c) ________

B Glühverfahren

① Wie heißen die Glühverfahren, die angewendet werden, wenn die folgenden Forderungen erfüllt werden sollen?

	Glühverfahren
Spannungen (entstanden durch Gießen, Schweißen, Schmieden, Zerspanen) sollen verringert werden.	
Gehärteter oder kaltverfestigter Stahl soll für die spanende Bearbeitung weicher gemacht werden.	
Ein grobkörniges oder ungleichmäßiges Gefüge soll verfeinert bzw. gleichmäßig gemacht werden.	
Ein durch Kaltverformung verzerrtes („platt gedrücktes“) Gefüge soll in seinen ursprünglichen Zustand zurückgebracht werden.	

② In welchen Temperaturbereichen werden die Stähle bei den einzelnen Glühverfahren geglüht? Wie lange werden die Stähle auf Temperatur gehalten?

	Temperaturbereich	Glühdauer
Spannungsarmglühen	... °C	
Weichglühen	... °C	
Normalglühen	... °C	
Rekristallisationsglühen	... °C	

Wovon hängt die **genaue** Glühtemperatur und Glühdauer eines Stahls ab?

a) ______________
b) ______________

bestimmen → **genaue Glühtemperatur**
genaue Glühdauer

C Glühfehler

Welche Fehler sind beim Glühen gemacht worden, wenn das Werkstück nach dem Glühen die folgenden Merkmale aufweist?

Stahl noch zu hart	
Stahl grobkörnig	
Stahl in Randzone entkohlt	
Stahl „verbrannt“	

3 Abschreckhärten

A Arbeitsablauf

① In welche drei Schritte lässt sich der Arbeitsablauf beim Abschreckhärten normalerweise einteilen? Schraffieren Sie den Kasten des Schritts, bei dem der Stahl hart wird.

1. Schritt		2. Schritt		3. Schritt
______	→	______	→	______

② Wie hoch muss der C-Gehalt eines Stahls mindestens sein, damit bei der Gefügeumwandlung eine ausreichende Härte entsteht?

C-Gehalt mindestens ______ **%**

B Erwärmen

① Auf welche Temperaturen werden die folgenden Stähle beim Härten erwärmt?

unlegierte Stähle	______ ... ______ °C
legierte Stähle (< 5 %) („niedriglegierte Stähle“)	______ ... ______ °C
legierte Stähle (> 5 %) („hochlegierte Stähle“)	______ ... ______ °C

② Wovon hängt die genaue Härtetemperatur eines Stahls ab?

a) ______

b) ______

bestimmen → **genaue** Härtetemperatur

C Abschrecken

① Mit welchen Abschreckmitteln werden die folgenden Stähle gewöhnlich abgeschreckt? Wie bezeichnet man deshalb diese Stähle?

	Abschreckmittel	Bezeichnung des Stahls
unlegierte Stähle		
legierte Stähle (< 5 %) („niedriglegierte Stähle“)		
legierte Stähle (> 5 %) („hochlegierte Stähle“)		

② Welche negative Nebenwirkung bringt das Abschrecken für das Werkstück immer mit sich?

______

______

③ Erläutern Sie, warum zum Abschrecken unterschiedliche Abschreckmittel verwendet werden?

④ Wie hoch soll die Wassertemperatur beim Abschrecken normalerweise sein?

Wassertemperatur ______ °C

⑤ Wodurch kann die Abschreckwirkung von Wasser verstärkt oder gemildert werden?

Verschärfung der Abschreckwirkung von Wasser	Milderung der Abschreckwirkung von Wasser
a)	a)
b)	b)

D Besondere Abschreckverfahren

① In welchen Schritten vollzieht sich der Abschreckvorgang beim sog. gebrochenen Härten und beim sog. Stufenhärten?

Gebrochenes Härten	Stufenhärten (Warmbadhärten)
1. Schritt	1. Schritt
⇓	⇓
2. Schritt	2. Schritt

② Welche Möglichkeiten für verzug- und rissfreies Härten gibt es?

E Härtetiefe

Wie tief härten die folgenden Stähle?

unlegierte Stähle	
legierte Stähle	

F Anlassen

① Welchen Zweck hat das Anlassen bei **unlegierten** und **legierten** Stählen?

Zweck des Anlassens <

② Wie geht das Anlassen vor sich?

③ Wie hoch sind die Anlasstemperaturen bei den folgenden Stählen?

unlegierte Stähle und legierte Stähle (< 5 %) („niedriglegierte Stähle“)	... °C
legierte Stähle (> 5 %) („hochlegierte Stähle“)	... °C

Wovon hängt die genaue Anlasstemperatur ab?

a)

b)

bestimmen → **genaue Anlasstemperatur**

④ Welche Besonderheit kann beim Anlassen von Stählen mit sehr hohen Anteilen von Legierungsbestandteilen auftreten (z. B. bei einigen HS-Stählen)?

4 Härten der Randzone

A Zweck

① Welche Eigenschaften sollen dem Werkstück durch das Härten der Randzone („Oberflächenhärten“) verliehen werden?

Beispiel:
Zahnrad

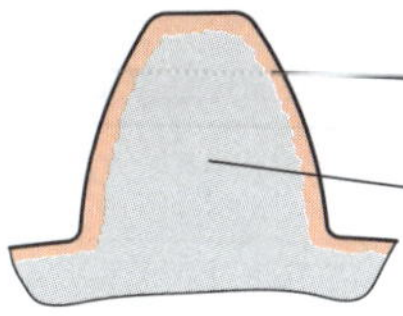

② Nennen Sie Werkstücke, bei denen diese Eigenschaften verlangt werden.

B Einsatzhärten

① Wie geht das Einsatzhärten grundsätzlich vor sich? Führen Sie die Stichworte aus.

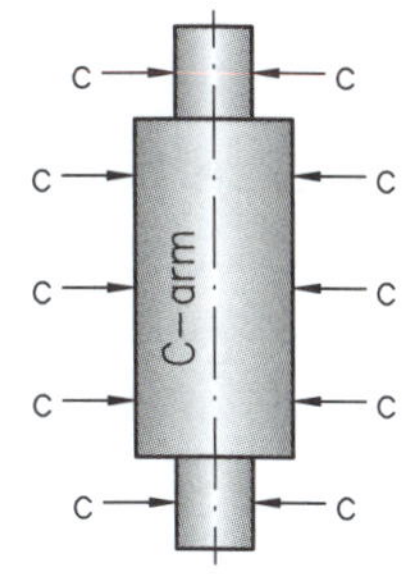

1 Art der verwendeten Stähle:

2 Kohlenstoffanreicherung:

3 Abschrecken:

4 Anlassen:

② Welche Arten des Einsatzhärtens unterscheidet man?

Einsatzhärten

Einsatzmittel:	**Einsatzmittel:**	**Einsatzmittel:**

③ Bei welchen Temperaturen erfolgt die Aufkohlung und welche Aufkohlungstiefen (≙ Härtetiefen) kann man erreichen?

Aufkohltemperatur: ______ ... ______ °C

Härtetiefe: bis ______ mm

④ Nennen Sie vier Beispiele für Stähle, die zum Einsatzhärten verwendet werden. (Tabellenbuch!) Welchen C-Gehalt haben Einsatzstähle?

Einsatzstähle → ____ … ____ % C

C Flammhärten

Wie geht das Flammhärten vor sich?

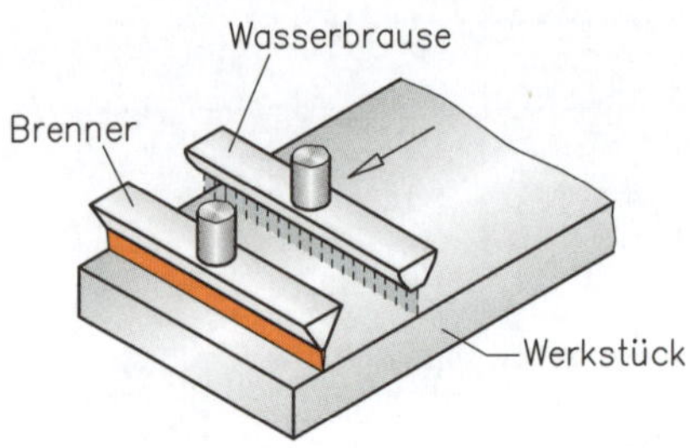

D Laserhärten

① Wie geht das Laserhärten vor sich?

② Wo wird das Laserhärten bevorzugt eingesetzt?

E Induktionshärten

Wie geht das Induktionshärten vor sich?

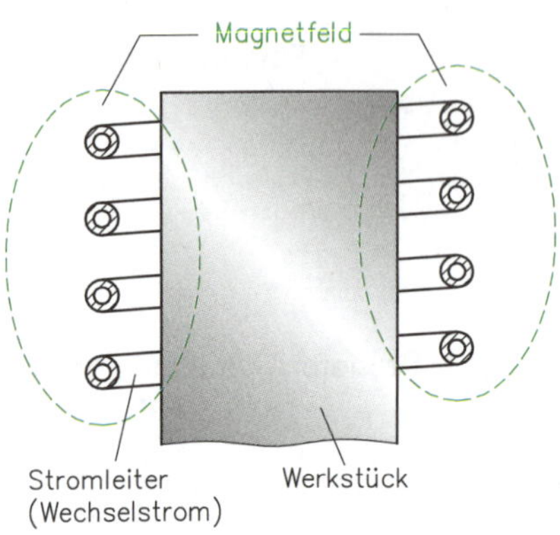

F Nitrieren

① Wodurch unterscheidet sich das Nitrieren grundsätzlich vom Einsatzhärten?

Nitrieren	Einsatzhärten
a) Der Randzone wird ______ zugeführt.	a) Der Randzone wird ______ zugeführt.
b) Das Werkstück wird ______	b) Das Werkstück wird ______

② Wodurch erhalten nitrierte Stähle ihre Härte?

③ Notieren Sie aus Ihrem Tabellenbuch einige sog. Nitrierstähle.
Welche Legierungsbestandteile weisen Nitrierstähle auf?

Legierungsbestandteile:

④ Welche Vorteile hat das Nitrieren gegenüber den anderen Verfahren der Randzonenhärtung?

Nitrieren

⑤ Welche Werkstücke werden vorzugsweise nitriert?

G Überblick

Ordnen Sie die einzelnen Verfahren der Randzonenhärtung nach den folgenden Gesichtspunkten:

C-arme Stähle werden in der Randzone aufgekohlt, anschließend gehärtet.	C-reiche Stähle werden nur in der Randzone erwärmt, anschließend abgeschreckt.	Stickstoff geht in der Randzone eine Verbindung mit Eisen ein.

5 Vergüten

A Zweck

① Welchen Zweck hat das Vergüten?

Vergüten → **steigert** → a) ______ b) ______

② Welche Zugfestigkeitswerte bei Stählen erreicht man durch Vergüten?

Zugfestigkeit bis ______ N/mm²

③ Nennen Sie einige Werkstücke, die vergütet werden.

______

______

B Vorgang des Vergütens

① Wie geht das Vergüten vor sich?

Das Vergüten entspricht in seinem Ablauf grundsätzlich dem **Härten** mit seinen drei Schritten:

1. ______ , 2. ______ , 3. ______ .

Worin besteht der Unterschied zwischen Härten und Vergüten?

a) **Anlassen:** ______

b) **Abschrecken:** ______

② Wie hoch sind die Anlasstemperaturen beim Vergüten?

Anlasstemperatur

______ ... ______ °C

C Vergütungsstähle

Nennen Sie vier Beispiele für Stähle, die zum Vergüten verwendet werden. (Tabellenbuch!)
Welchen C-Gehalt haben Vergütungsstähle?

______

______

______

______

Vergütungsstähle → ______ ... ______ % C

Problemstellung:

Zwei Heizungsanlagen, die unterschiedlich „gefahren" werden.
Stellen Sie die Wirkungswege der Heizungsanlagen a und b fest, indem Sie die entsprechenden Bauteile aus den Zeichnungen in die darunterstehenden Blockschaltbilder übertragen.

a

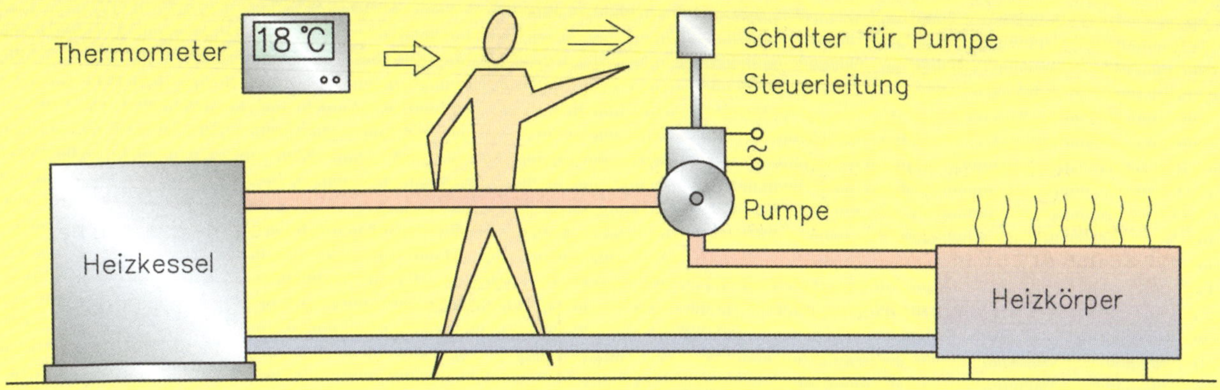

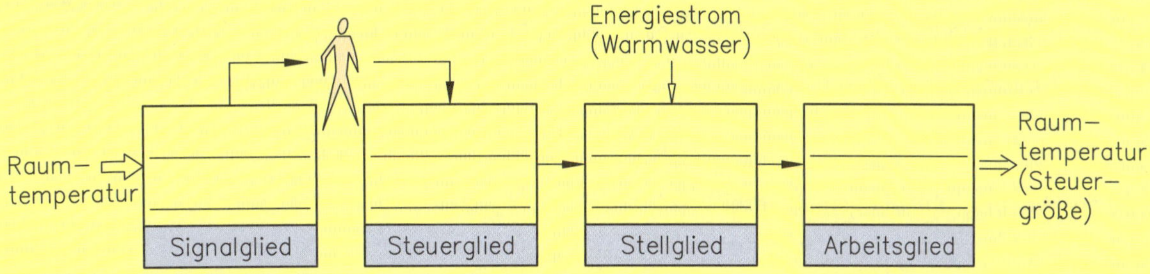

b

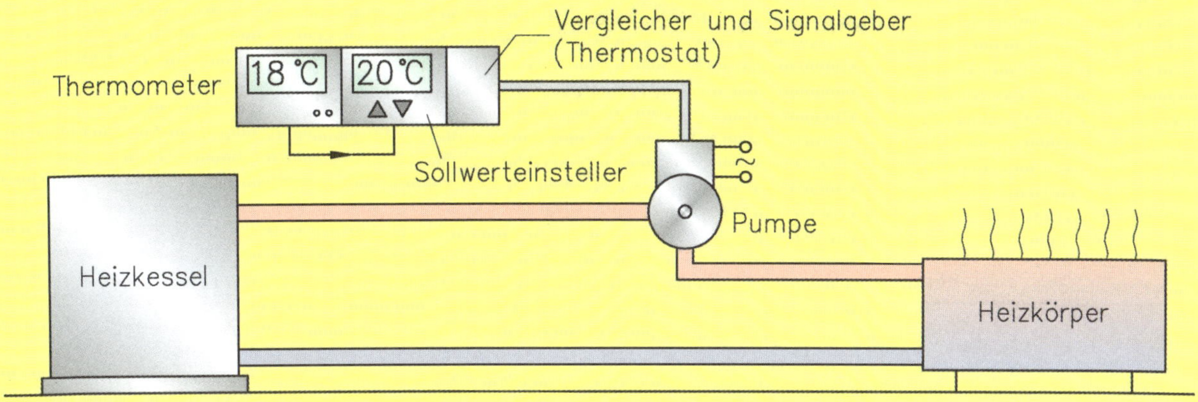

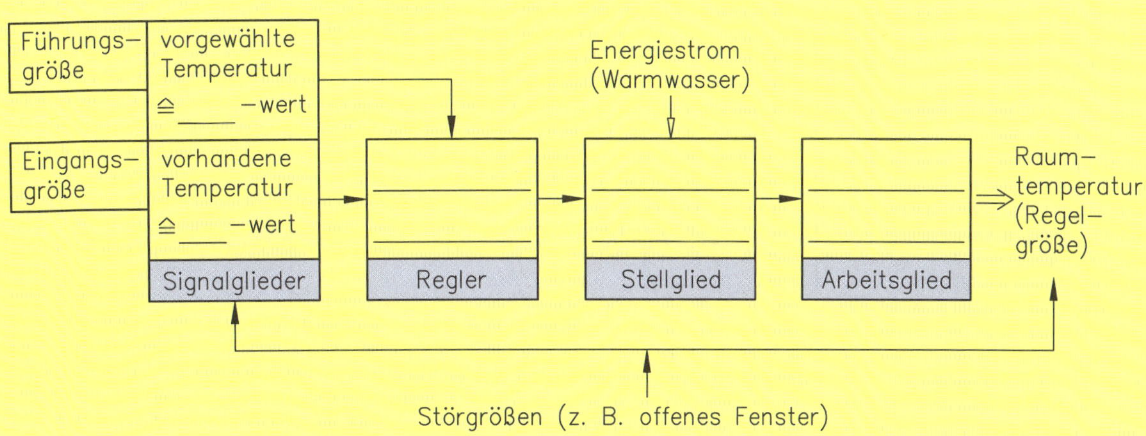

Welche Heizungsanlage würden Sie vorziehen? Begründen Sie Ihre Wahl.

A Unterschied Steuern – Regeln

① Die Heizungsanlagen a und b stellen zwei Arten der „Lenkung" eines technischen Systems dar. Wie bezeichnet man diese beiden Arten?

Heizungsanlage a	Heizungsanlage b

② Worin besteht der grundsätzliche Unterschied dieser beiden Arten der „Lenkung"?

Der **Wirkungsablauf** beim Steuern ist	Der **Wirkungsablauf** beim Regeln ist

Wie wird der Wirkungsablauf deshalb bezeichnet?

B Wichtige Begriffe des Steuerns und Regelns

Die einzelnen Glieder einer gesteuerten bzw. geregelten Anlage werden nach ihrer Aufgabe (Funktion) bezeichnet. Ergänzen Sie die Übersicht.

Außen-temp. → -glied → -glied → -glied → -glied → Raum-temp.

-glied	-glied	-glied	-glied
Aufgabe: Erfassen von Messwerten (Informations-gebung)	Aufgabe: Verknüpfung und Speicherung von Informatio-nen	Aufgabe: Steuerung des Energie- und Massestroms (z. B. Wärme, Druckluft)	Aufgabe: Ausführung der Arbeit (z. B. Auf-heizen, Kolben-bewegung im Pneumatikzylinder)
Beispiele:	Beispiele:	Beispiele:	Beispiele:

A Pneumatische Anlage

① Was versteht man unter Pneumatik?

② a) Skizzieren Sie bei II die Stellung des Wegeventils und des Arbeitszylinders, wenn die Anlage durch das Fußpedal betätigt wird, und tragen Sie mit Pfeilen den Zufluss der Druckluft ein.
b) Zeichnen Sie bei I mit Pfeilen den Abfluss der Druckluft ein, wenn der Fuß vom Fußpedal des Wegeventils genommen wird.

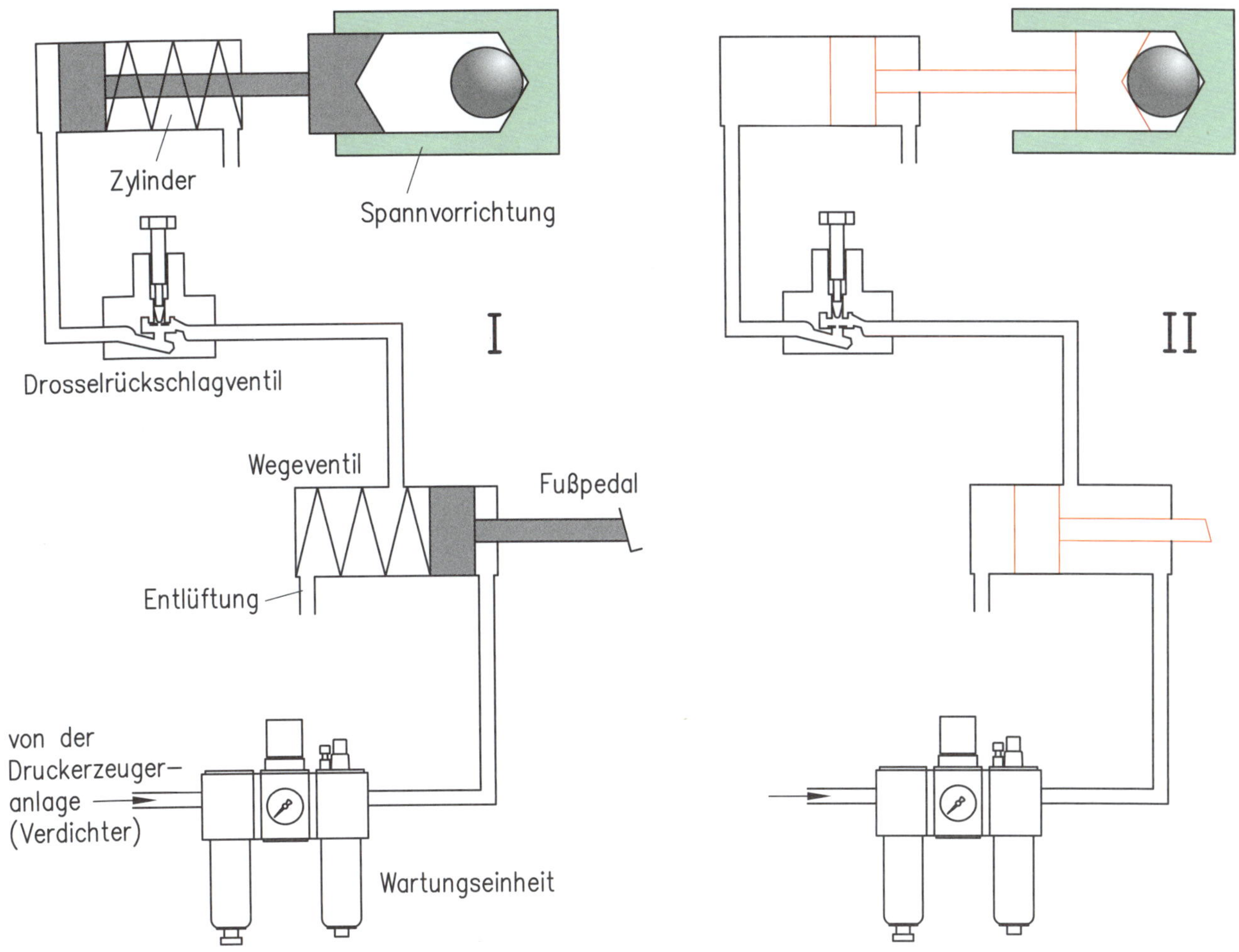

③ Welchen Zweck hat bei der pneumatischen Anlage oben das Drosselrückschlagventil?

Beim **Zurückfahren** des Zylinderkolbens (Entlüften):

Beim **Vorwärtsfahren** des Zylinderkolbens (Arbeitsgang):

B Verdichter

① Wie bezeichnet man die abgebildeten Luftverdichter?

② Tragen Sie mit Pfeilen den Verlauf des Luftstroms ein und kennzeichnen Sie die Saugseite und die Druckseite an den Verdichteranschlüssen mit S bzw. D.

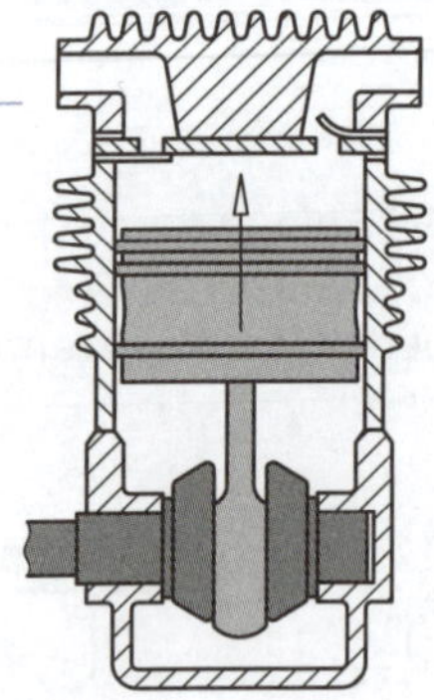

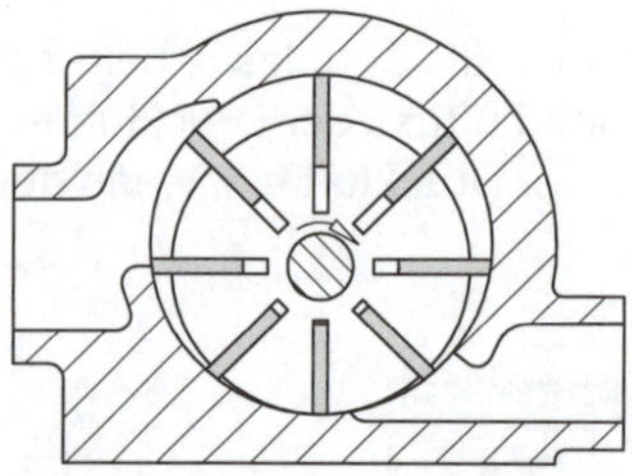

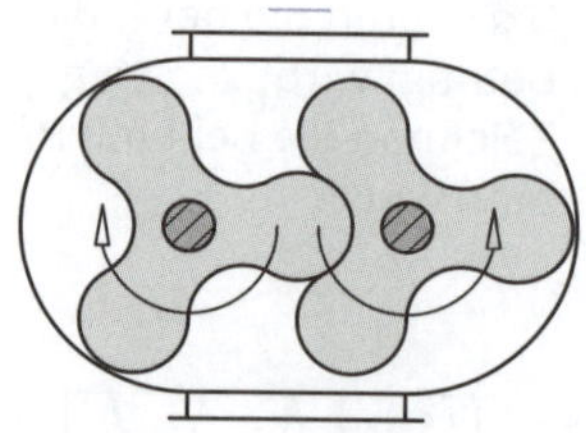

C Arbeitsglieder (Zylinder und Motoren)

① Welche grundsätzliche Aufgabe haben Druckluftzylinder und -motoren, die als Arbeitsglieder (Antriebsglieder) eingesetzt werden? (vgl. die Anlage S. 49)

(Energieart)

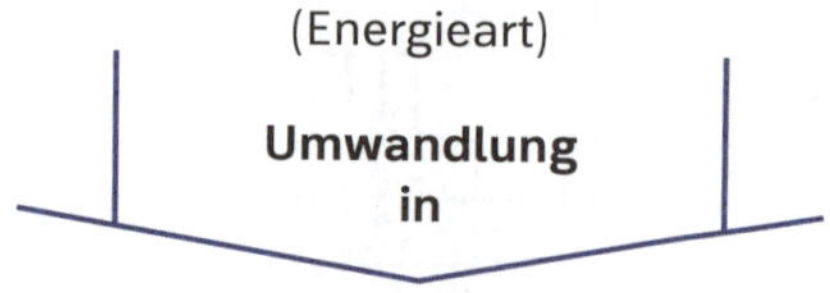

(Energieart)

② Informieren Sie sich über die Funktionsweise dieser Pneumatikzylinder. Geben Sie jeweils die fachgerechte Bezeichnung an und vervollständigen Sie die Symbole.

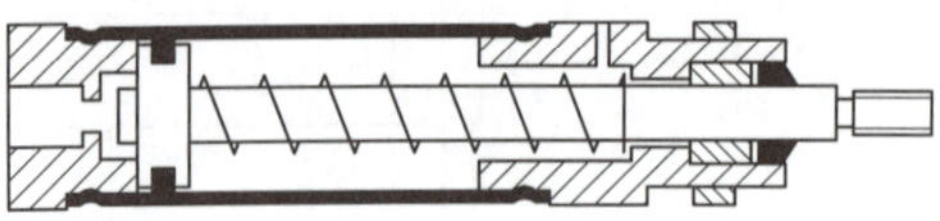

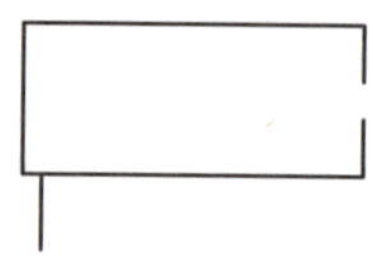

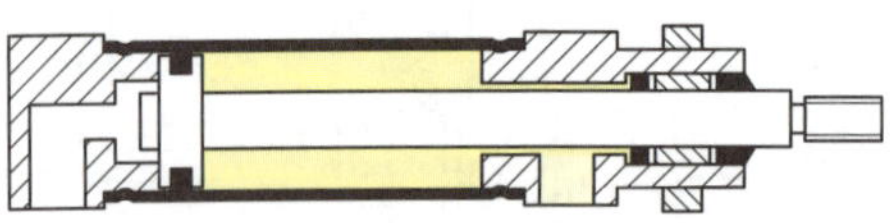

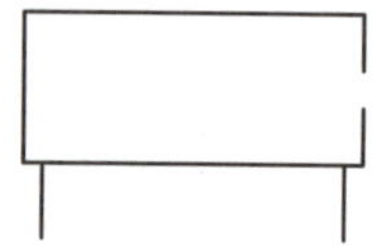

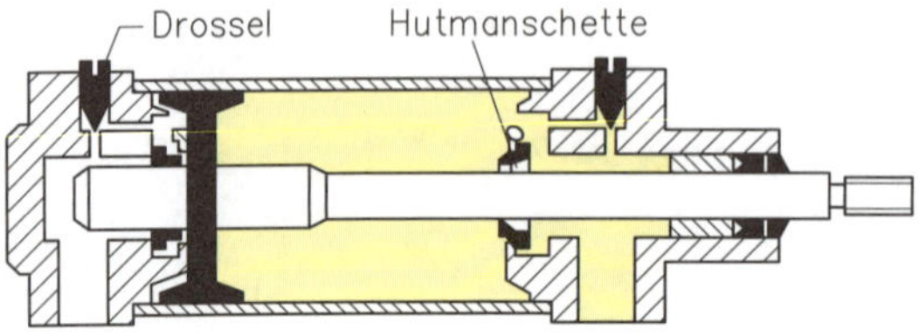

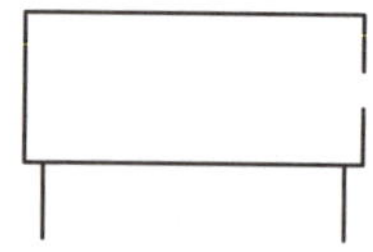

③ Welchen Zweck hat eine Endlagendämpfung?

④ Wie werden diese Druckluftmotoren bezeichnet?
Zeichnen Sie die Durchflussrichtung ein und ergänzen Sie die Symbole.

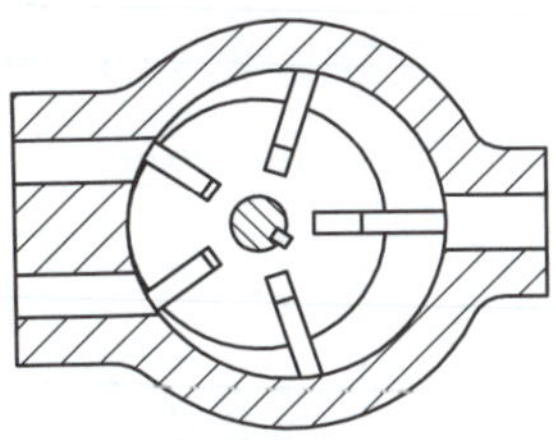
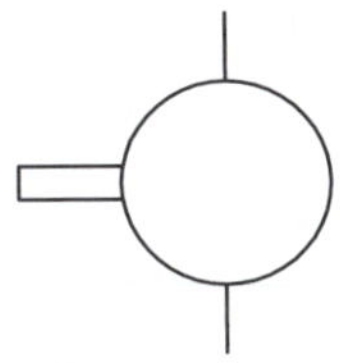

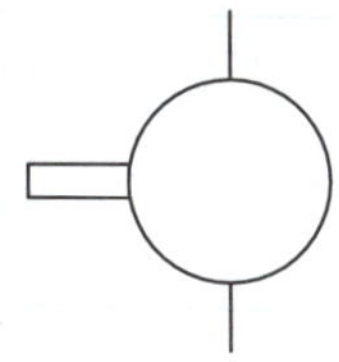

D Ventile (Steuer- und Stellglieder)

Wie bezeichnet man Ventile, die in einer pneumatischen Anlage die folgenden Aufgaben erfüllen?

Sie steuern Beginn, Ende und Richtung des Druckluftstroms.	Sie steuern die Menge der durchströmenden Druckluft.	Sie sperren den Druckluftstrom in einer Richtung.	Sie regeln den Druck in der pneumatischen Anlage.

E Wegeventile

Die **Anschlüsse** bei pneumatischen Wegeventilen werden mit Ziffern bezeichnet.
Dabei bedeuten:

Druckanschluss (Zufluss):	**1**
Arbeitsanschlüsse:	**2 (4, 6 ...)**
Entlüftung (Abfluss):	**3 (5, 7 ...)**

① Wie bezeichnet man die abgebildeten Wegeventile?
Markieren Sie bei den Sinnbildern jeweils mit x die Schaltstellung, welche in der Ventilabbildung dargestellt ist.

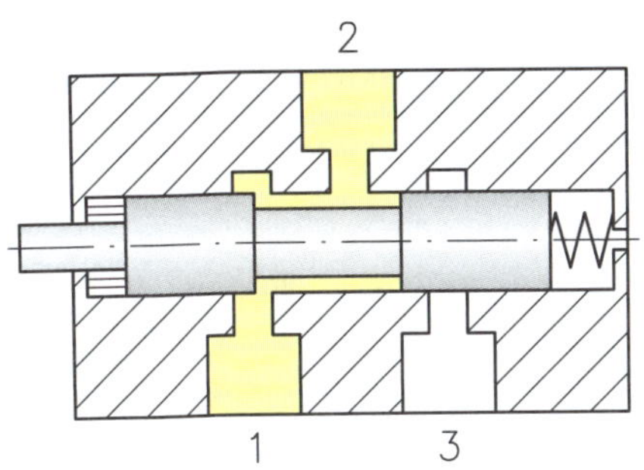

(Ventilbezeichnung)

Dieses Ventil hat ______ gesteuerte Anschlüsse.

Dieses Ventil hat ______ Schaltstellungen.

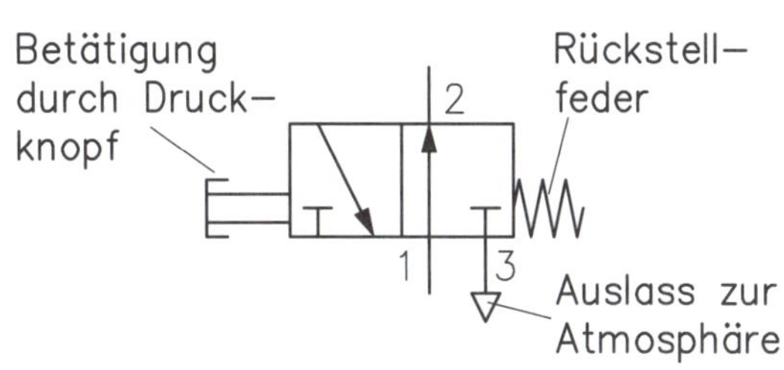

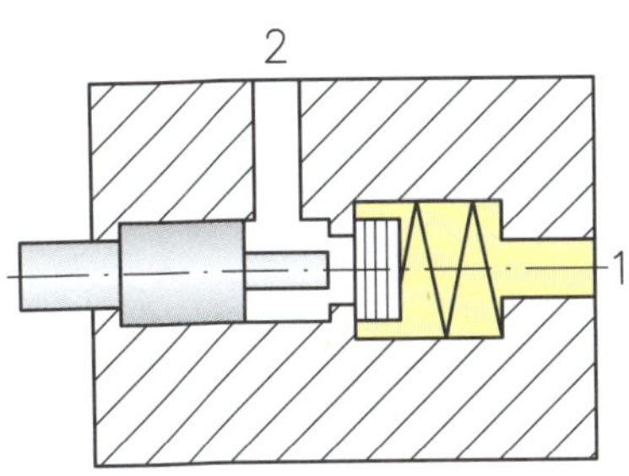

(Ventilbezeichnung)

Dieses Ventil hat ______ gesteuerte Anschlüsse.

Dieses Ventil hat ______ Schaltstellungen.

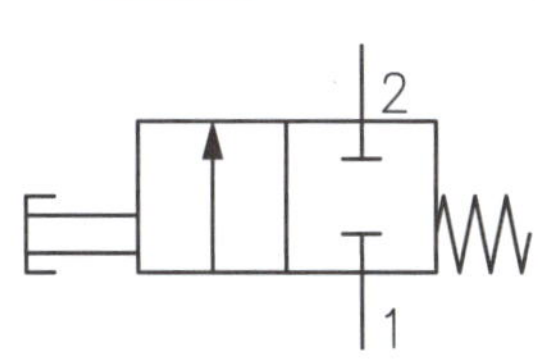

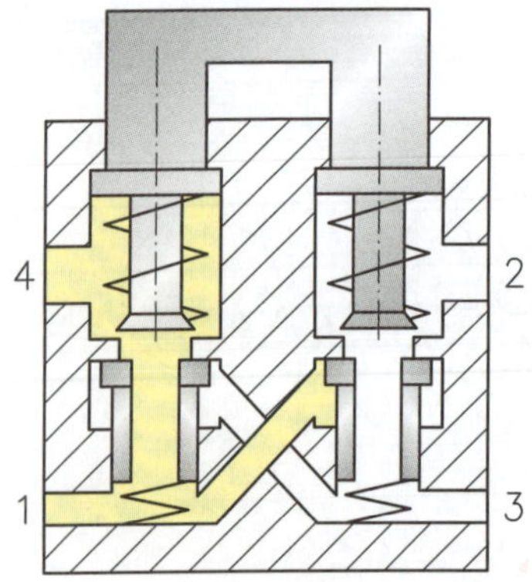

____
(Ventilbezeichnung)

Dieses Ventil hat ____ gesteuerte Anschlüsse.

Dieses Ventil hat ____ Schaltstellungen.

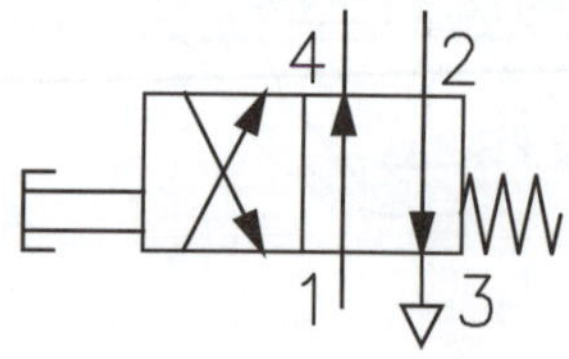

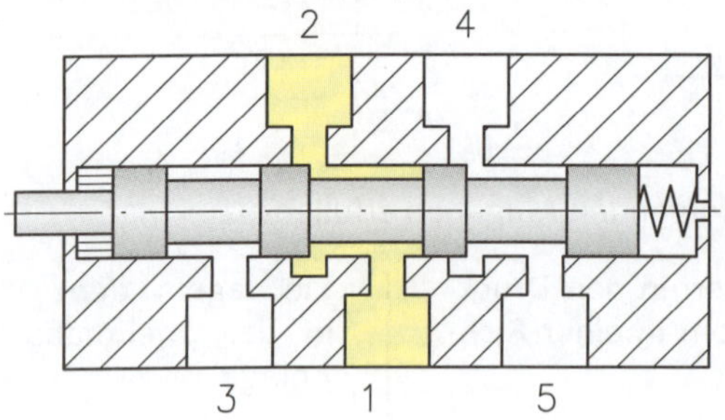

____
(Ventilbezeichnung)

Dieses Ventil hat ____ gesteuerte Anschlüsse.

Dieses Ventil hat ____ Schaltstellungen.

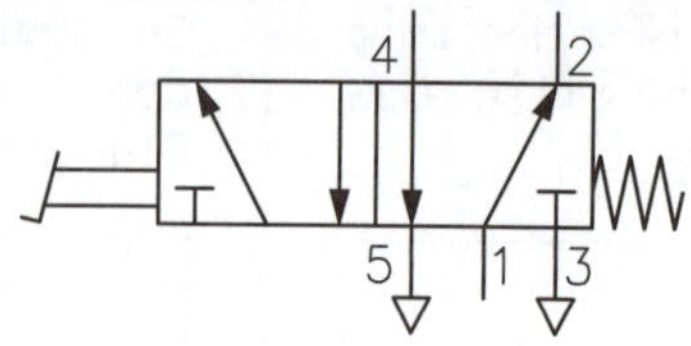

② Wegeventile können auf unterschiedliche Weise betätigt werden. Welche Betätigungen sind in den folgenden sinnbildlichen Darstellungen gemeint?

F Stromventile

① Welche genauere Bezeichnung haben die abgebildeten Ventile? Ergänzen Sie jeweils das Sinnbild.

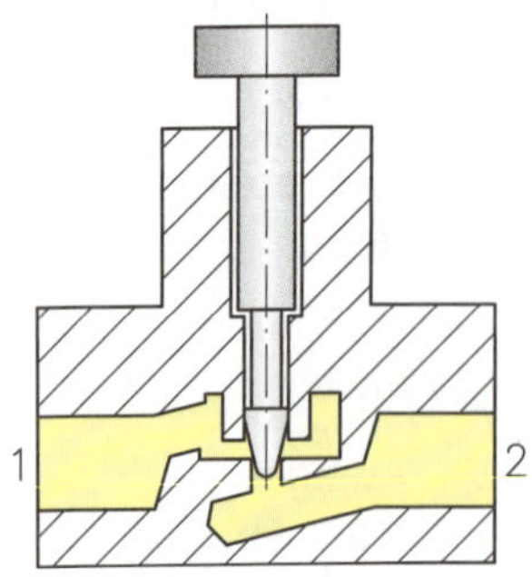

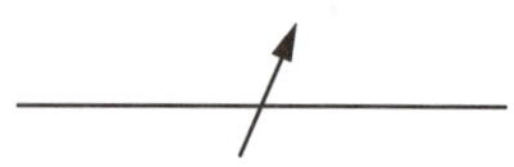

____
(Ventilbezeichnung)

 bedeutet: _______________________

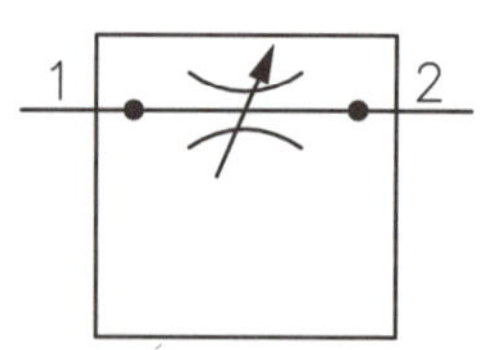

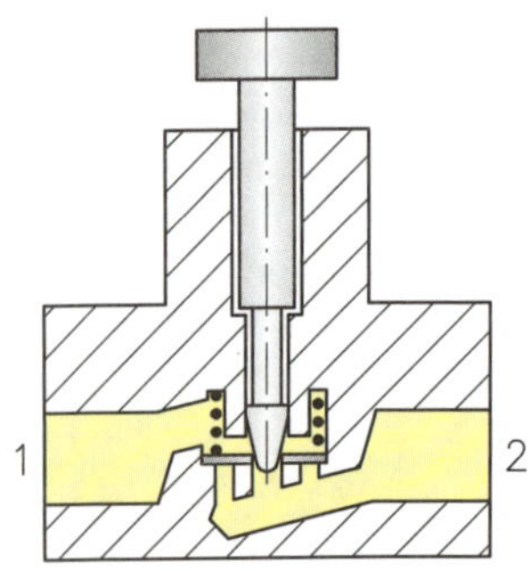

____
(Ventilbezeichnung)

② Wie funktioniert ein Drosselrückschlagventil?

a) Wenn der Luftstrom **von 1 nach 2** fließt, _______________________

____

b) Wenn der Luftstrom **von 2 nach 1** fließt, _______________________

G Sperrventile

Welche genauere Bezeichnung haben die abgebildeten Ventile? Ergänzen Sie jeweils das Sinnbild.

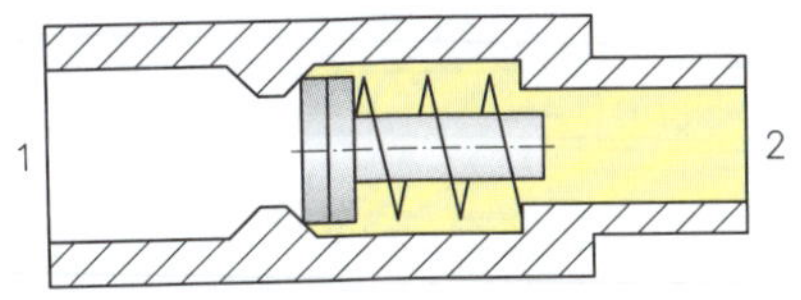

a) Wenn der Luftstrom **von 1 nach 2** fließt, ist das Ventil ______________ .

b) Wenn der Luftstrom **von 2 nach 1** fließt, ist das Ventil ______________ .

______________ ____

(Ventilbezeichnung)

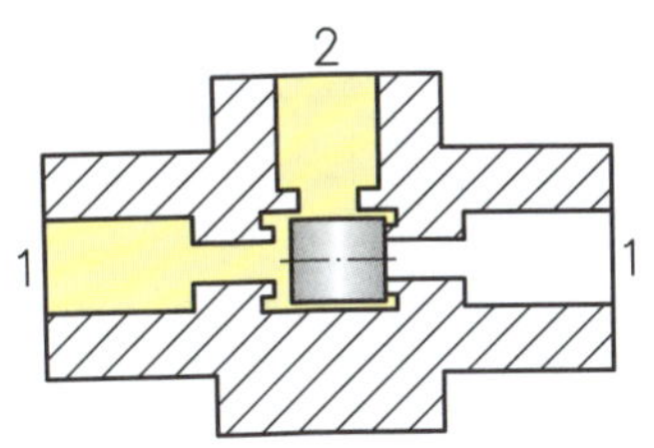

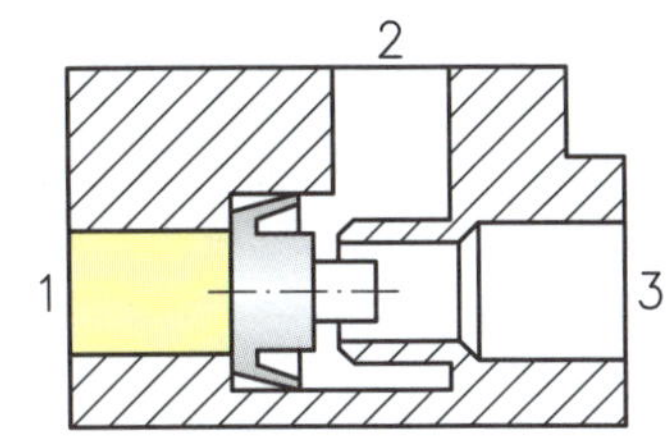

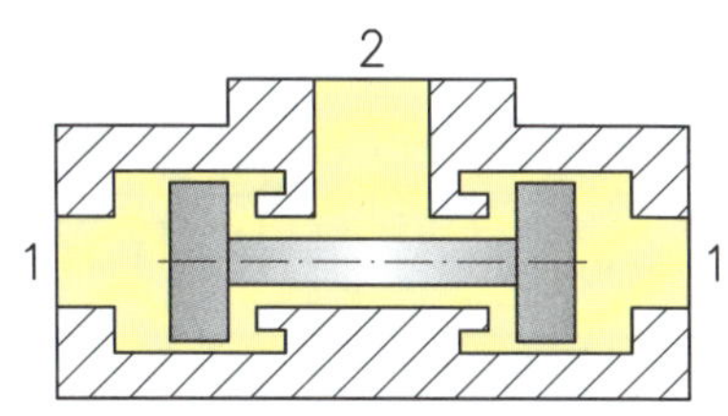

______________ (Ventilbezeichnung)

______________ (Ventilbezeichnung)

______________ (Ventilbezeichnung)

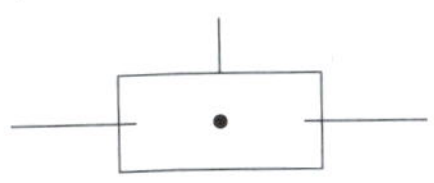

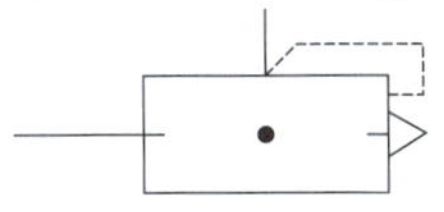

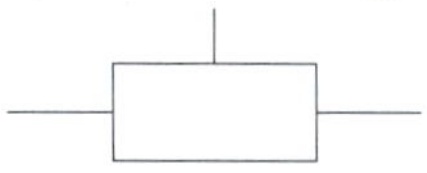

H Schaltplan

Beispiel:
Transportanlage
(Ein Paket soll angehoben und auf ein Förderband geschoben werden.)

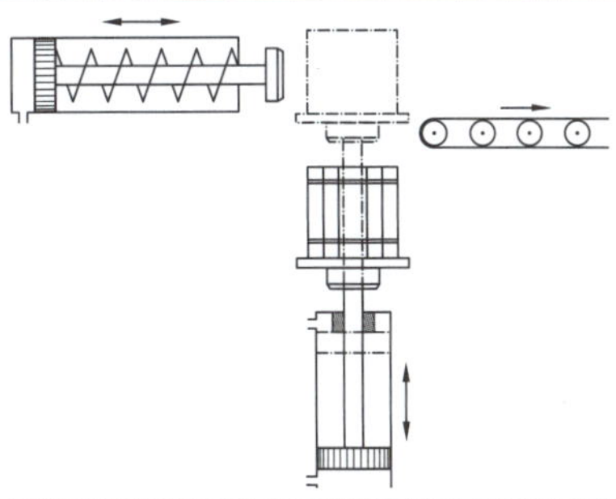

Skizze der wirklichen Lage der Arbeitsglieder

Pneumatikplan:

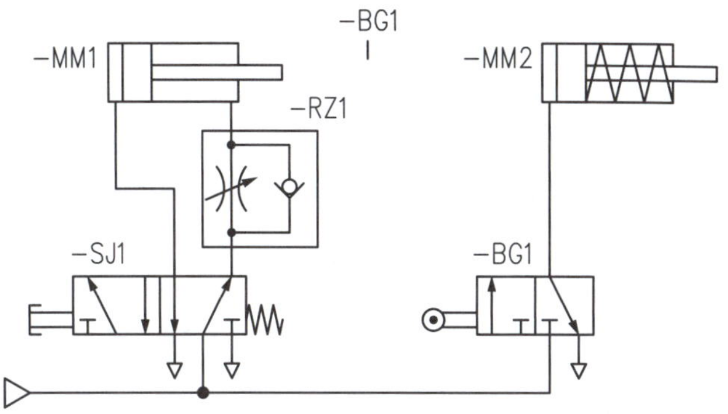

☞ Die Kennzeichnung der Bauteile erfolgt nach DIN EN 81346.
Alternativ wäre eine Kennzeichnung nach ISO 1219 oder verinfacht nach DIN EN 81346 möglich.

① Wie heißen die einzelnen Teile der Anlage (Fachausdrücke)?

I Funktionsdiagramm (Weg-Schritt-Diagramm)

(Das Weg-Schritt-Diagramm ist nicht genormt.)

Bauelemente			
Benennung	Nr.	Lage/Zustand	
doppelt wirkender Zylinder	−MM1		2 1
einfach wirkender Zylinder	−MM2		2 1
5/2−Wegeventil	−SJ1		a b
3/2−Wegeventil	−BG1		a b

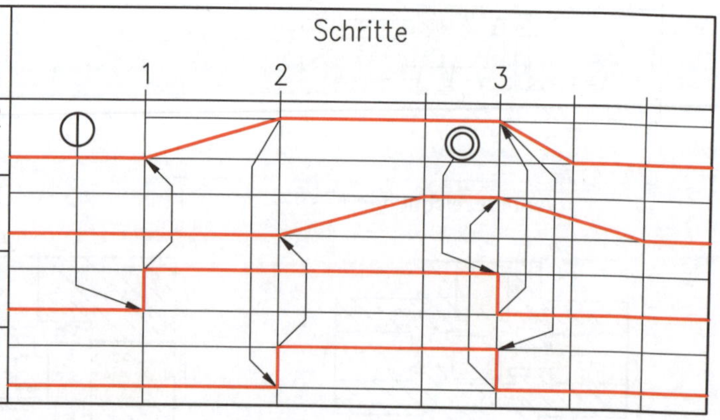

Beschreiben Sie den Ablauf der Steuerung, wie er im Funktionsdiagramm dargestellt ist.

K GRAFCET (Funktionsplan nach DIN EN 60848)

In einem GRAFCET werden Steuerfunktionen mit Schritten und Weiterschaltbedingungen (Transitionen) dargestellt. An jeden Schritt können beliebig viele Aktionen angeschlossen werden. Es gibt auch verzweigte Abläufe. Der GRAFCET ist technologieunabhängig, d. h., die Realisierung kann z. B. pneumatisch, elektrohydraulisch oder durch eine speicherprogrammierbare Steuerung (SPS) erfolgen.
Ergänzen Sie den folgenden GRAFCET, der sich auf den Schaltplan S. 53 bezieht, durch kurze Kommentare.

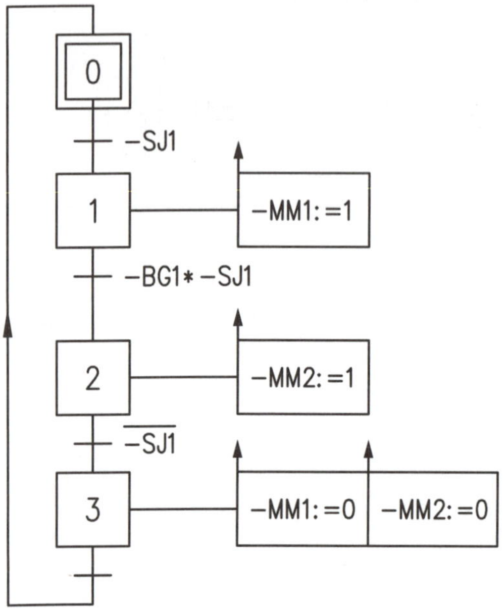

Kommentar:

„Einschaltzustand“ (Ausgangsstellung)

L Ablaufsteuerung und logische Verknüpfungen

Problemstellung:

Die Transportanlage (S. 53) soll wahlweise durch kurze manuelle Betätigung von –SJ1 oder –SJ2 gestartet werden können. Dies soll aber nur möglich sein, wenn Zylinder –MM1 eingefahren ist.

① Ergänzen Sie den Pneumatikplan durch zwei Steuerglieder (–RZ1 und –RZ2), mit denen die Ausfahrgeschwindigkeit der beiden Kolben stufenlos eingestellt werden kann, und vervollständigen Sie die Kennzeichnung der Bauteile.

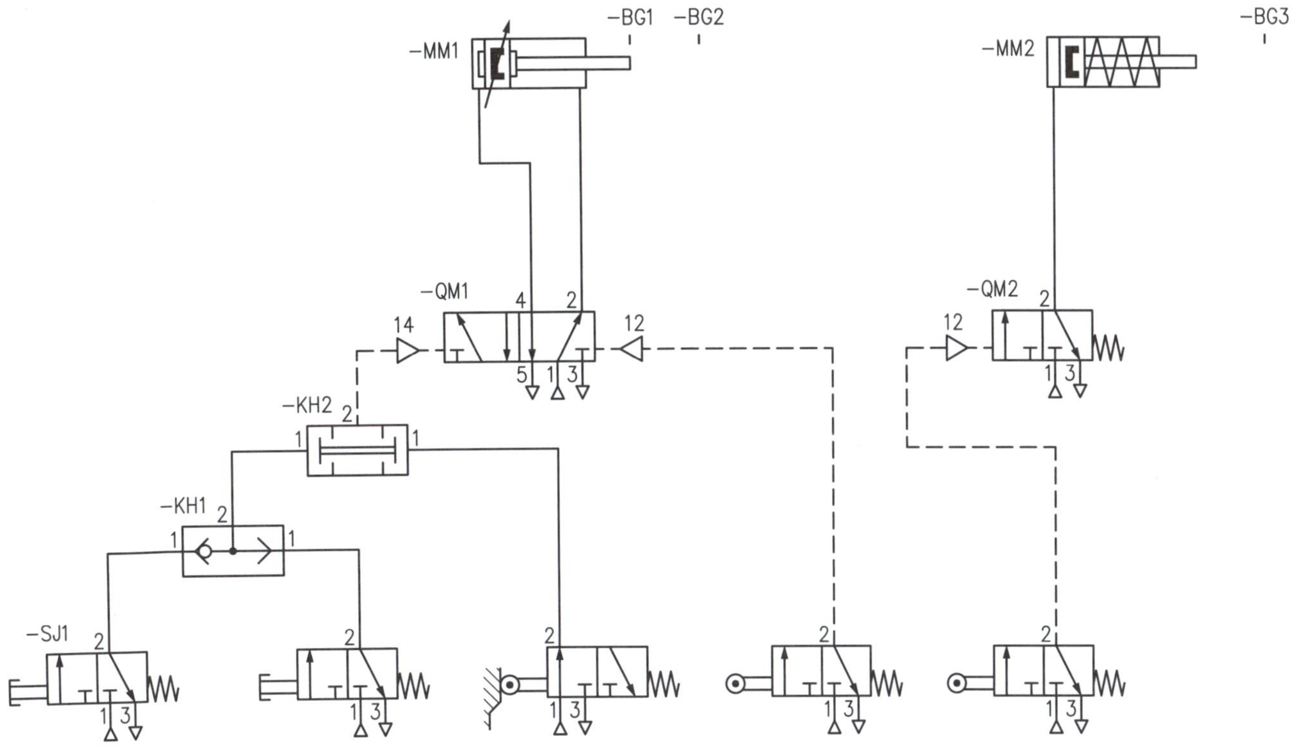

② Wie werden die beiden Bauteile –KH1 und –KH2 fachgerecht bezeichnet und welche logische Funktion haben sie?

③ Geben Sie die vollständige Bezeichnung des Bauteils –QM1 an und erklären Sie die Anschlussbezeichnung „14“.

④ Beschreiben Sie den Ablauf der Steuerung, nachdem das Stellglied –QM1 durch einen Startimpuls betätigt wurde.

⑤ Ergänzen Sie die Wahrheitstabelle für die Startbedingung und ergänzen Sie den GRAFCET.

-SJ1	-SJ2	-BG1	-QM1-14
0	0	0	
0	0	1	
0	1	0	
0	1	1	
1	0	0	
1	0	1	
1	1	0	
1	1	1	

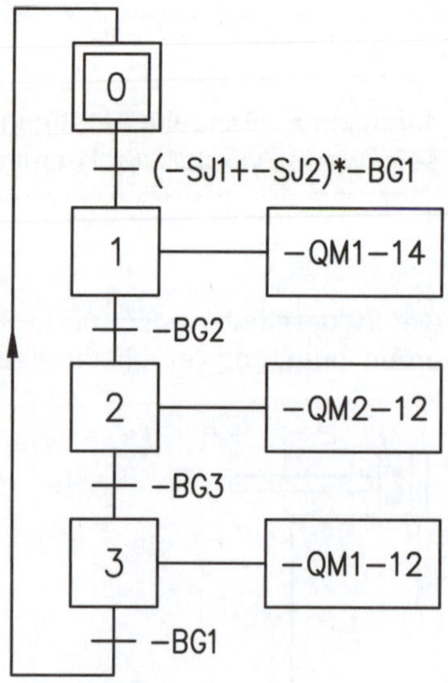

Kommentar:

„Einschaltzustand“

„Startbedingung“

⑥ Wegen einer Störung klemmt der Kolben von Zylinder -MM2 in seiner vorderen Endlage und kann deshalb nicht mehr einfahren. Kann der Ablauf trotzdem neu gestartet werden? Begründen Sie Ihre Entscheidung.

M Wartungseinheit

① Aus welchen einzelnen Funktionen besteht die Druckluftaufbereitung?

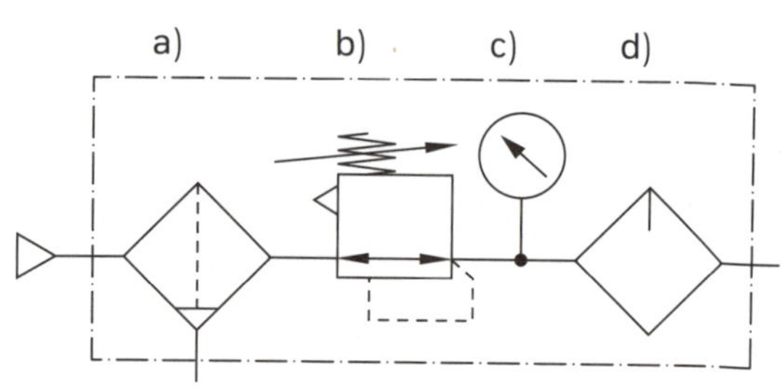

② Zeichnen Sie die vereinfachte Darstellung dieser Wartungseinheit.

N Steuerung einer Bohrvorrichtung

Problemstellung:
Mit der Bohrvorrichtung werden die manuell zugeführten Werkstücke pneumatisch gespannt und gebohrt. Wenn der Spannzylinder eingefahren ist, kann der Ablauf durch Betätigung eines Druckknopfs gestartet werden. Verbessern Sie den vorgegebenen Pneumatikplan.

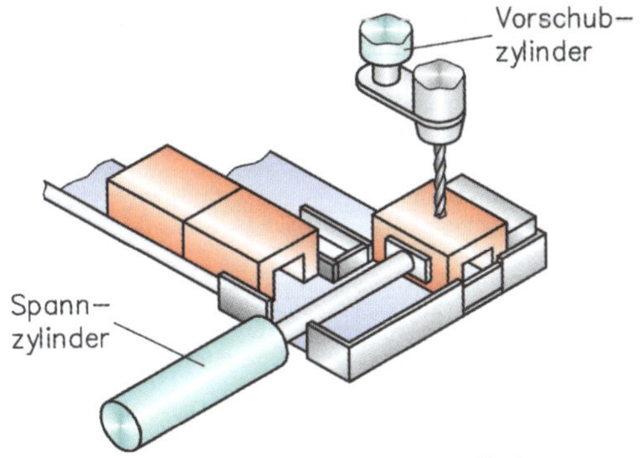

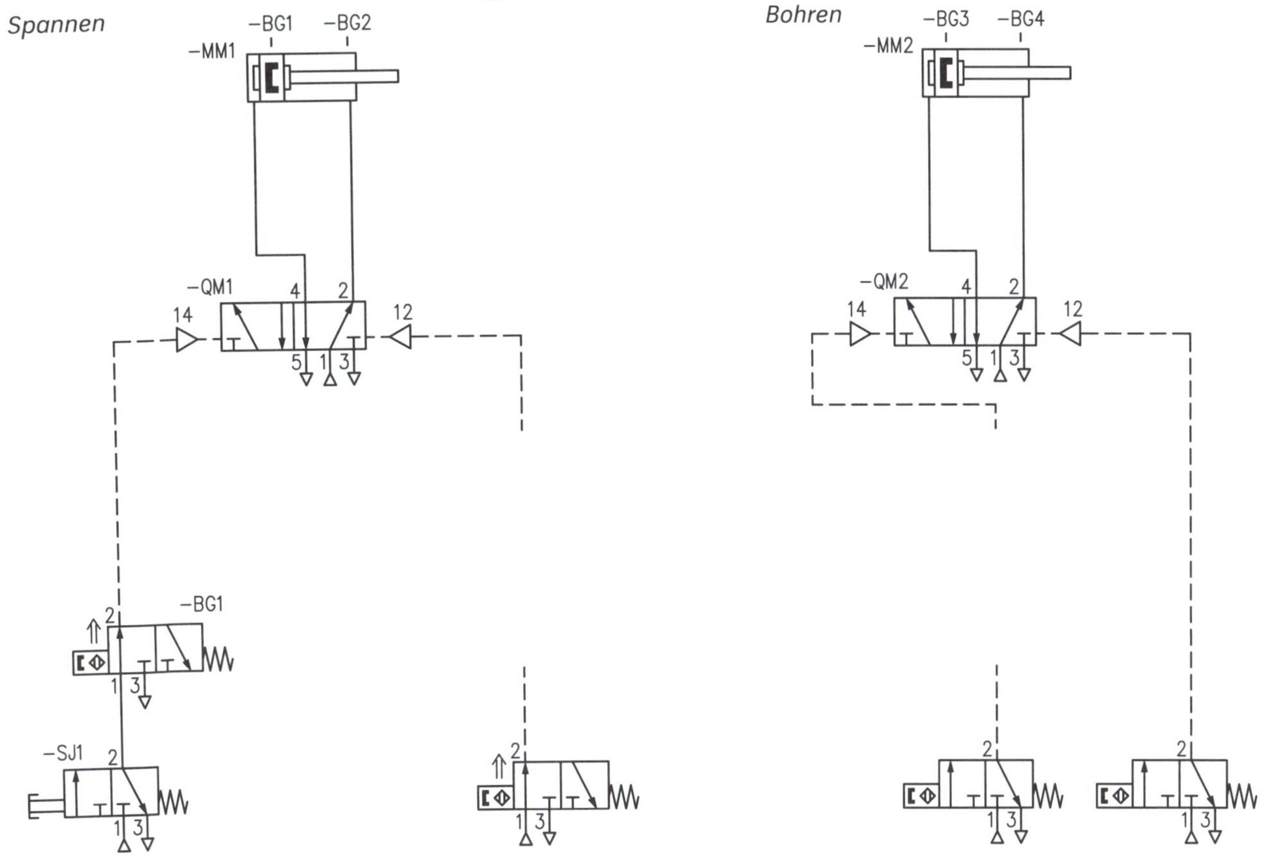

① Im Pneumatikplan wurde auf die Darstellung der Wartungseinheit und des Hauptventils verzichtet.
a) Benennen Sie die einzelnen Schritte der Ablaufsteuerung.
b) Zeichnen Sie in den Schaltplan Bauteile zur Geschwindigkeitssteuerung ein.
c) Ergänzen Sie die Bezeichnungen der Bauteile.
d) Die Steuerung oben funktioniert nicht (!). Erläutern Sie, warum nicht.

a) ______________________________

____

d) ______________________________

____

____

② Was versteht man in der Steuerungstechnik unter „Signalüberschneidung“?

③ Welche Möglichkeiten gibt es, um Signalüberschneidungen zu verhindern?

④ Die Darstellung zeigt das Schaltplansymbol für ein Zeitverzögerungsventil.

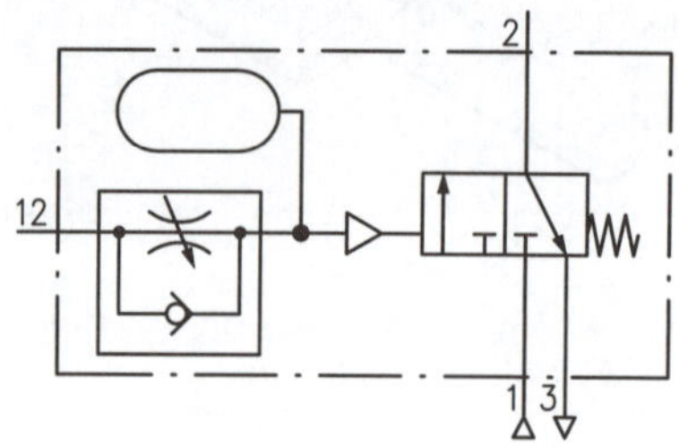

a) Beschreiben Sie die Funktionsweise dieses Ventils.

b) Erklären Sie die Bezeichnung „12“ für den Anschluss der Steuerleitung.

c) Wie wird dieses Ventil fachgerecht bezeichnet?

d) Zeichnen Sie ein Zeitverzögerungsventil in Ruhestellung geöffnet und kennzeichnen Sie die Anschlüsse.

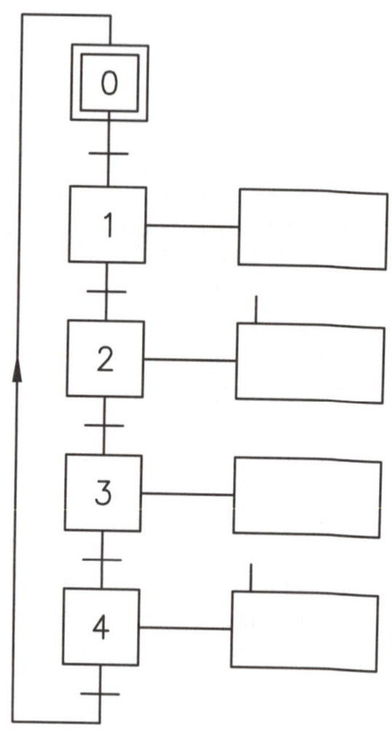

⑤ Zeichnen Sie in den Pneumatikplan (S. 57) die erforderlichen Zeitverzögerungsventile so ein, dass es zu keiner Signalüberschneidung kommen kann.

⑥ Vervollständigen Sie den GRAFCET. Verwenden Sie eine Verzögerung von jeweils drei Sekunden.

⑦ Bei dem Pneumatikplan für die Bohrvorrichtung S. 57 wird „Signalüberschneidung“ mit einem Umschaltventil verhindert.

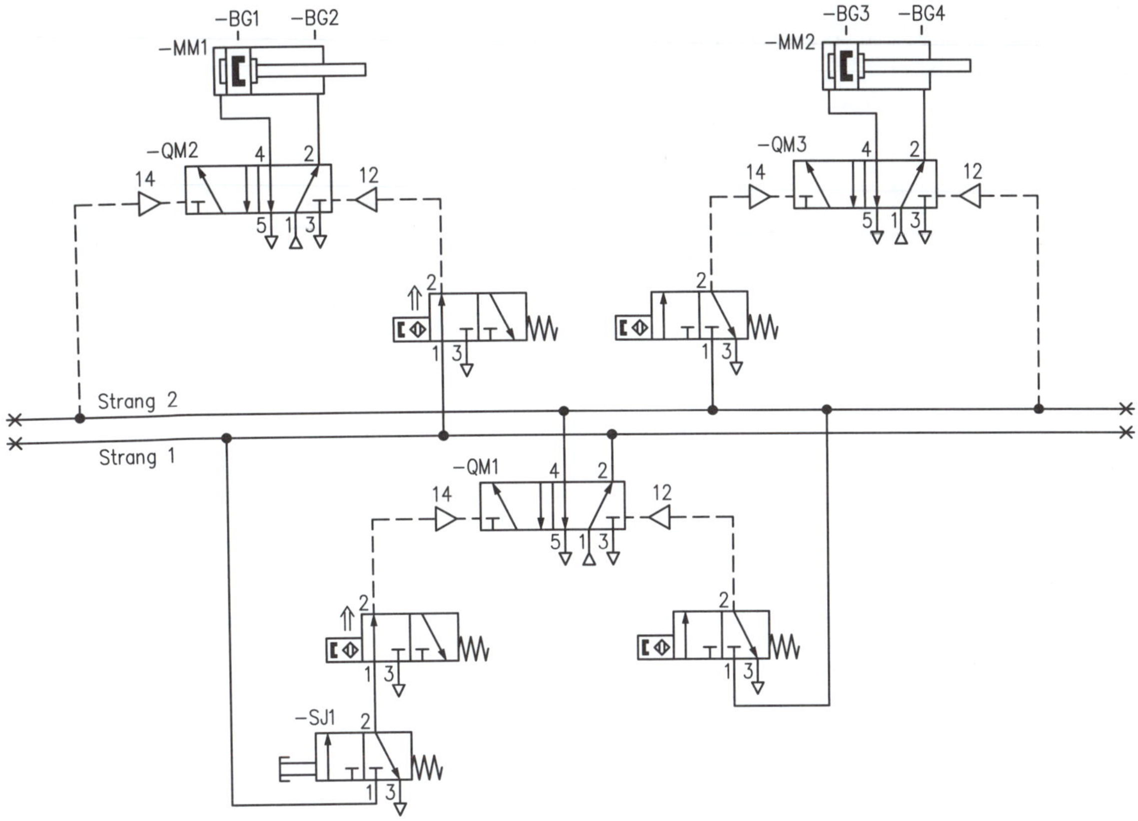

a) Welches Bauteil wird als Umschaltventil verwendet?
Beschreiben Sie auch, was die Umschaltung bewirkt.

b) Geben Sie in der Tabelle die Signalzustände der Verteilerstränge und der Stellglieder –QM2 und –QM3 an. Tragen Sie „1“ ein, wenn der Strang bzw. Steueranschluss unter Druck steht, und „0“, wenn er entlüftet ist. Schritt 0 entspricht der Ausgangsstellung.

	Strang		–QM2–14	–QM2–12	–QM3–14	–QM3–12
	1	2	–MM1 +	–MM1 –	–MM2 +	–MM2 –
Schritt 0						
Schritt 1						
Schritt 2						
Schritt 3						
Schritt 4						

c) Woran ist ersichtlich, dass keine Signalüberschneidung auftritt?

(8) Bei einer Steuerung der Bohrvorrichtung ausschließlich über Näherungs- bzw. Endschalter besteht das Risiko, dass der Bohrvorgang beginnt, obwohl das Werkstück nicht fest gespannt ist.

a) Beschreiben Sie die Funktionsweise dieses Bauteils und benennen Sie es fachgerecht.

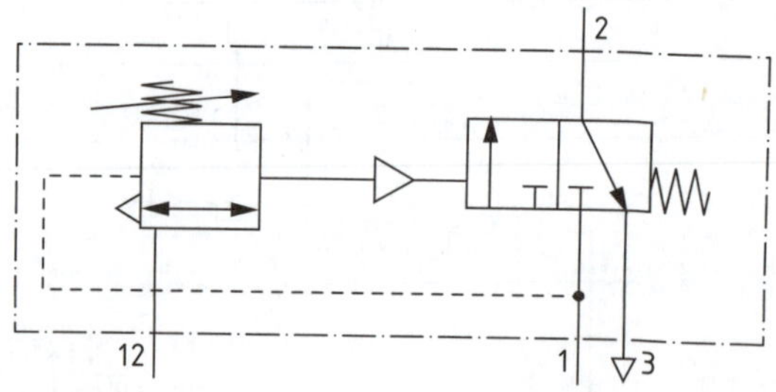

b) Vervollständigen Sie diesen Schaltplan für eine pneumatische Steuerung der Bohrvorrichtung so, dass der Bohrzylinder nur dann ausfährt, wenn das Werkstück fest gespannt ist.

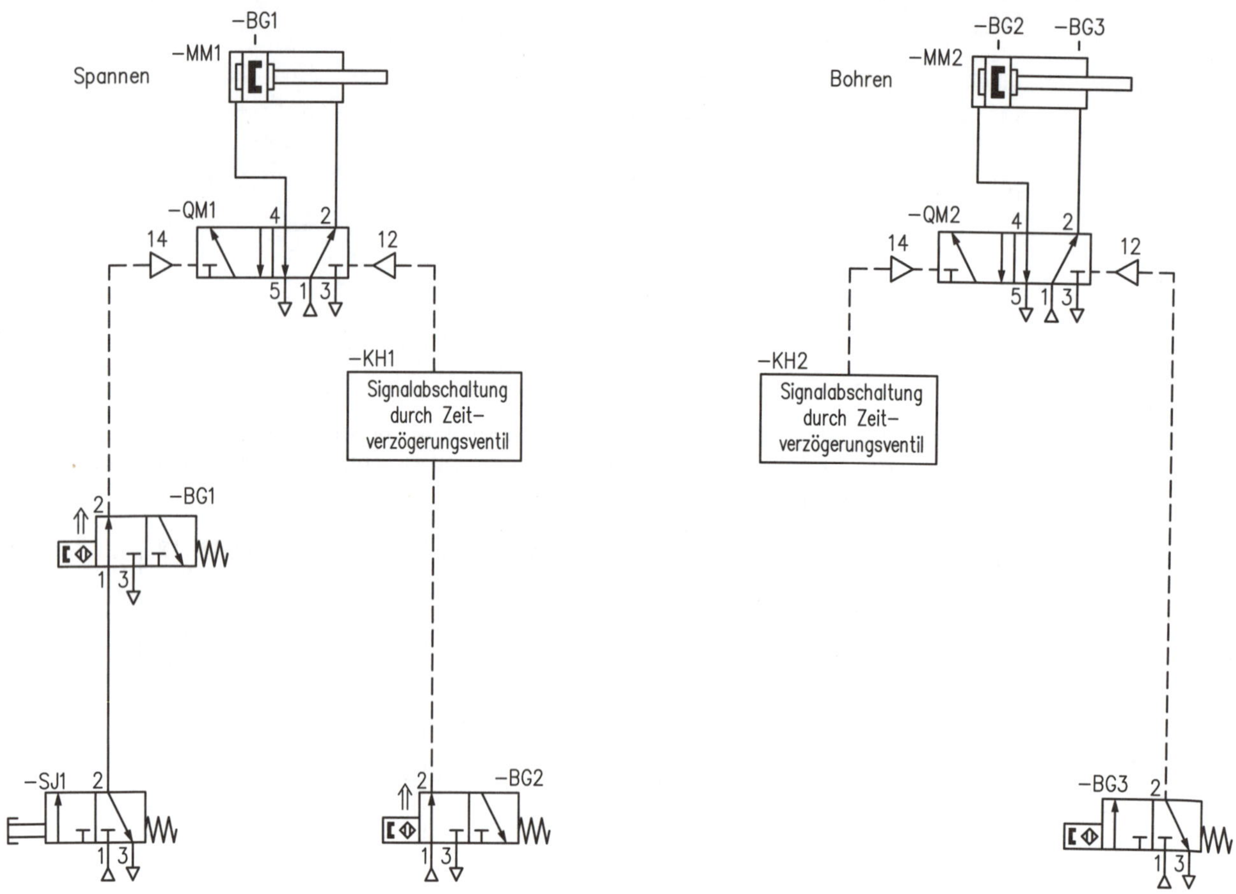

Berechnungen zur Kolbenkraft

Doppelt wirkender Zylinder:

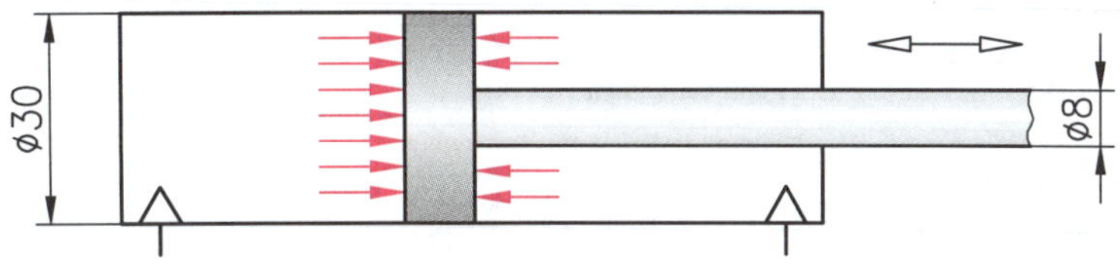

Der Druck in pneumatischen und hydraulischen Anlagen wird gemessen in bar.

$$1 \text{ bar} = 10 \ \frac{\text{N}}{\text{cm}^2}$$

① Warum ist bei gleichem Luft- oder Öldruck die Kolbenkraft des doppelt wirkenden Zylinders bei der Nach-rechts-Bewegung größer als bei der Nach-links-Bewegung?

Für die Berechnung der wirksamen Kolbenkraft gilt:

$$F = p_e \cdot A \cdot \eta \quad [\text{N}]$$

- F wirksame Kolbenkraft [N]
- p_e Überdruck (über atmosphärischem Druck ≈ 1 bar) [bar]
- A druckbeaufschlagte Kolbenfläche [cm^2]
- η Wirkungsgrad (η berücksichtigt Kolbenkraftverluste, z. B. durch Reibungskräfte zwischen Kolben und Zylinder)

② Berechnen Sie an dem doppelt wirkenden Zylinder oben
a) die druckbeaufschlagten Kolbenflächen bei beiden Bewegungen,
b) die jeweiligen Kolbenkräfte, wenn der Anlagendruck 6 bar und der Wirkungsgrad 0,85 betragen.

③ Welchen Durchmesser muss der Kolben eines einfach wirkenden Zylinders haben, wenn die Kolbenkraft 450 N groß sein soll? Der Anlagendruck ist 6 bar, der Wirkungsgrad 0,8.

Berechnungen zum Luftverbrauch pneumatischer Zylinder

Der Luftverbrauch bei Pneumatikzylindern hängt ab vom Zylinderdurchmesser, der Hublänge, dem absoluten Luftdruck und der Hubzahl.

einfach wirkender Zylinder

$$Q = A \cdot s \cdot n \cdot \frac{p_e + p_{amb}}{p_{amb}}$$

doppelt wirkender Zylinder

$$Q = 2 \cdot A \cdot s \cdot n \cdot \frac{p_e + p_{amb}}{p_{amb}}$$

Q Luftverbrauch in cm^3/min oder l/min
A Kolbenfläche in cm^2 oder dm^2
s Hublänge in cm oder dm
n Hubzahl pro Minute
p_e Überdruck in bar
p_{amb} Luftdruck in bar

① Ein einfach wirkender Zylinder hat einen Kolben-⌀ von 50 mm und einen Betriebsdruck von 4 bar. Die Hublänge beträgt 120 mm, die Hubzahl 40 pro Minute. Berechnen Sie den Luftverbrauch des Zylinders.

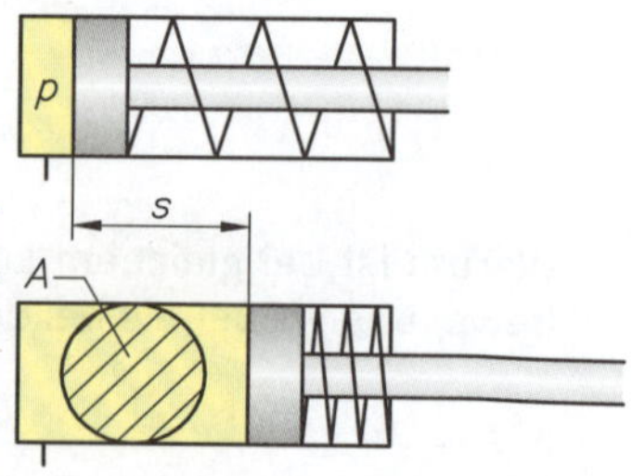

② Der Kolben eines doppelt wirkenden Zylinders hat einen ⌀ von 40 mm und arbeitet bei einem Betriebsdruck von 10 bar und 50 Hüben pro Minute. Die Hublänge ist 140 mm. Wie groß ist der Luftverbrauch des Zylinders?

Der Luftverbrauch pneumatischer Zylinder kann auch mithilfe des **spezifischen Luftverbrauchs** berechnet werden. Er kann Tabellen oder Diagrammen im Tabellenbuch entnommen werden.
Die Formeln für den einfach und doppelt wirkenden Zylinder sind:

einfach wirkender Zylinder

$$Q = q \cdot s \cdot n$$

doppelt wirkender Zylinder

$$Q = 2 \cdot q \cdot s \cdot n$$

q spezifischer Luftverbrauch in l/cm Hub (Der spezifische Luftverbrauch gibt für verschiedene Kolbendurchmesser die Luftmenge für 1 cm Hub an.)

③ Berechnen Sie den Luftverbrauch des Zylinders von Aufgabe ① mithilfe des spezifischen Luftverbrauchs. (Tabellenbuch benutzen!)

④ Berechnen Sie den Luftverbrauch des Zylinders von Aufgabe ② mithilfe des spezifischen Luftverbrauchs. (Tabellenbuch benutzen!)

Nehmen Sie die elektropneumatische Hubeinrichtung in Betrieb.

Informieren/orientieren Sie sich, indem Sie ...
- sich mit der Funktionsweise einer elektropneumatischen Steuerung vertraut machen,
- herausfinden, wie Relais funktionieren und verwendet werden,
- die verschiedenen Sensoren erkunden,
- den Ablauf der Steuerung analysieren,
- die Betriebsanleitung der Anlage lesen.

Planen Sie, indem Sie ...
- den Ablauf der Steuerung mit geeigneter Software simulieren,
- die Anlage in Augenschein nehmen,
- die Bauteile gemäß Pneumatikschaltplan, Stromlaufplan und Stückliste identifizieren,
- die Energieversorgung vorbereiten,
- die einzelnen Schritte der Inbetriebnahme in einem Inbetriebnahme-Protokoll festlegen.

Führen Sie die Inbetriebnahme aus, indem Sie ...
- die Netzspannung und Druckbereitstellung kontrollieren,
- die Ventile und Taster in Ausgangsstellung setzen und den NOT-AUS-Schalter einrasten,
- die pneumatischen Steuerketten in Betrieb nehmen,
- die elektrischen Betriebsmittel in Betrieb nehmen,
- die gesamte Steuerung in Betrieb nehmen,
- die Anlage unter Belastung testen.

Kontrollieren Sie, indem Sie ...
- die richtige Position der Zylinder und Sensoren überprüfen,
- die Funktionsfähigkeit aller Komponenten testen,
- die Anlage auf Dichtheit und fachgerechte Montage überprüfen,
- die Sicherheitseinrichtungen überprüfen.

Bewerten und dokumentieren Sie, indem Sie ...
- das Inbetriebnahme-Protokoll fertigstellen,
- ein Übergabeprotokoll erstellen,
- Wartungsvorschläge unterbreiten,
- Schwachstellen suchen und erforderliche Ersatzteile für die Bereithaltung auflisten.

Information

Elektropneumatische Hubeinrichtung
Über einen Rollengang gelangen schwere Werkstücke (max. 50 kg) zum Hubzylinder. Durch Tastendruck werden sie angehoben und von einem weiteren Zylinder auf einen zweiten Rollengang verschoben.

Technologieschema

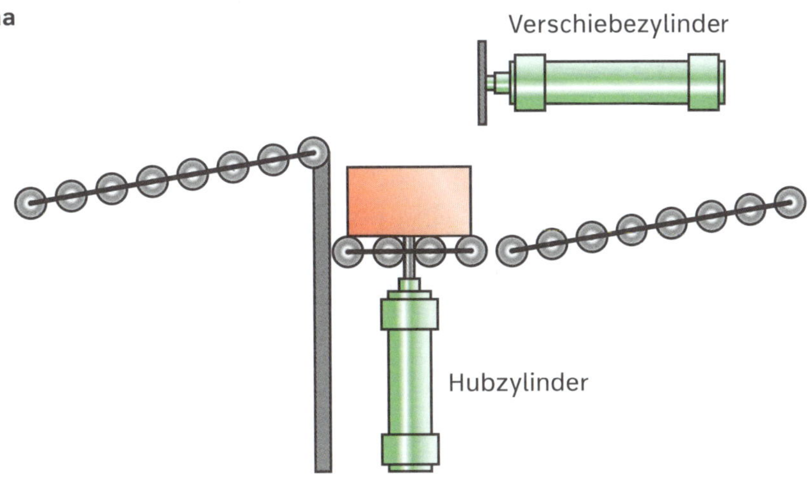

Pneumatikplan

Erklärungen:
- –BG = Näherungsschalter
- –MB = Elektromagnet
- –KF = Relais (Q = Schütz)
- –SF = Starttaster
- Ö = Öffner
- S = Schließer

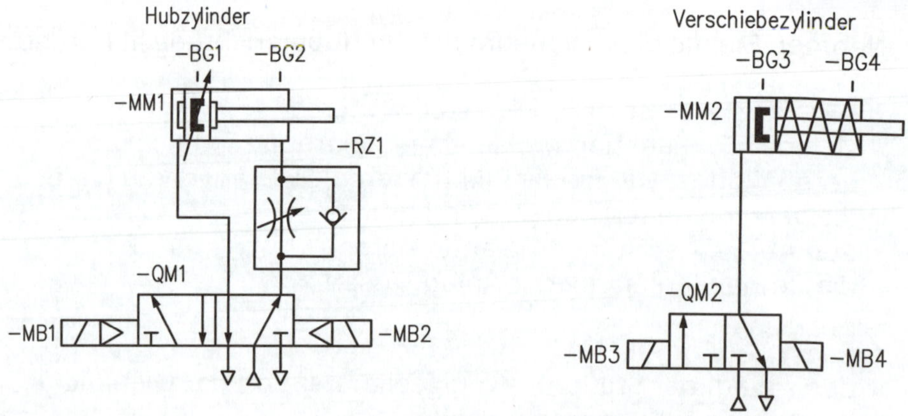

Stromlaufplan

Strompfade (hier 1–8)

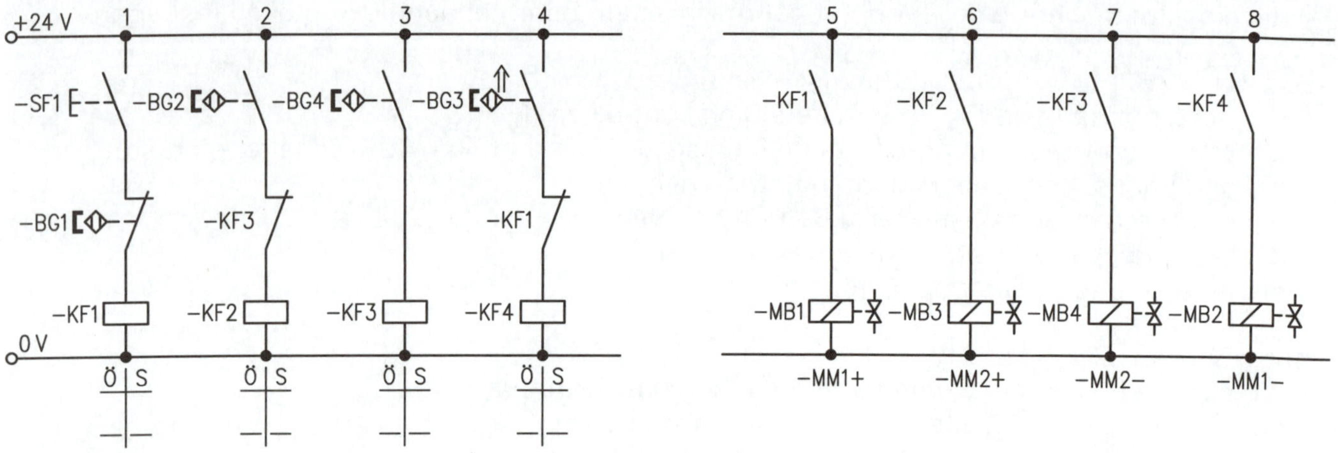

Orientierung

① Die Darstellung zeigt eine elektropneumatische Steuerung.
Ordnen Sie den angeführten Gliedern die entsprechenden Bauteile der elektropneumatischen Steuerung zu.

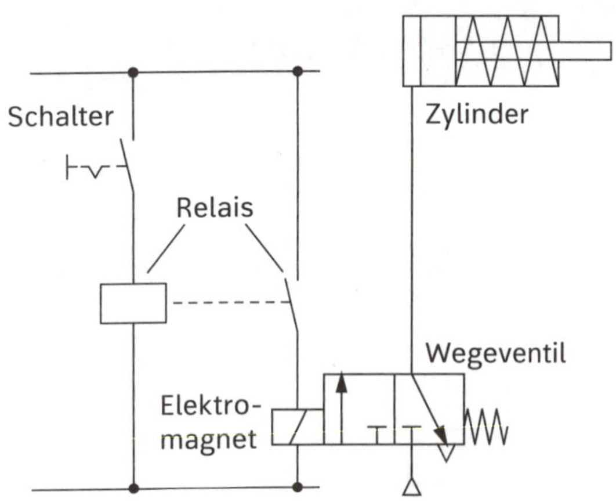

Signalglied ≙ ______________________

Steuerglied ≙ ______________________

Stellglied ≙ ______________________

Arbeitsglied ≙ ______________________

② Wodurch unterscheidet sich die elektropneumatische Steuerung grundsätzlich von der pneumatischen Steuerung?

____

____

Wie erfolgt die Steuerung der elektrischen Signale?

____

____

③ Wie funktionieren Schütz und Relais?
Wodurch unterscheiden sie sich?

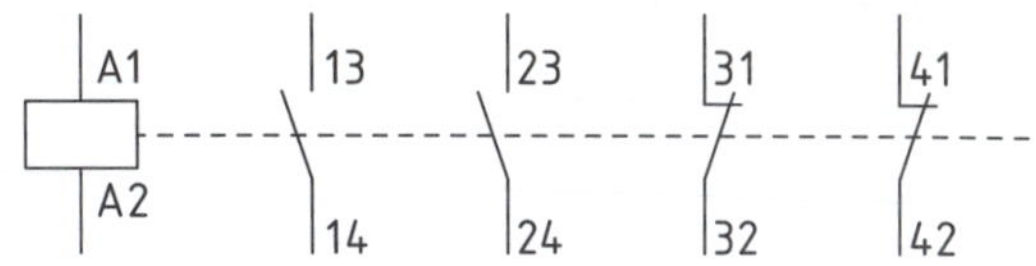

Anschlusszeichen an einem Relais

④ Der Stromlaufplan S. 64 für die Hubeinrichtung besteht aus zwei Stromkreisen. Wie heißen die beiden Stromkreise und welche Strompfade des Stromlaufplans gehören jeweils dazu?

Ergänzen Sie auch die Schaltgliedertabelle unter den entsprechenden Strompfaden S. 64.

⑤ Als Signalglieder in Steuerungen werden neben Schaltern noch verschiedene andere Sensoren eingesetzt. Geben Sie die jeweilige Bezeichnung und Wirkweise dieser Sensoren (Grenztaster, Näherungsschalter) an.

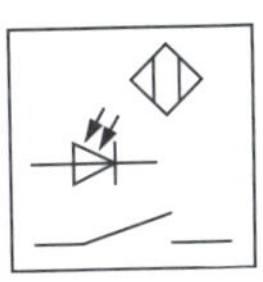

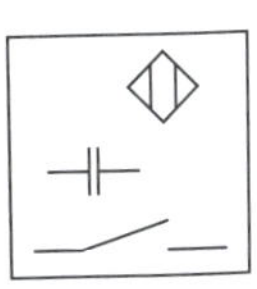

⑥ Vertiefen Sie sich in den Pneumatikplan und den Stromlaufplan der Hubeinrichtung.
a) Beschreiben Sie die verwendeten Arbeitsglieder.

b) Welche Funktion hat Bauteil –RZ1 in der Steuerung?

c) Wodurch unterscheiden sich die beiden Stellglieder hinsichtlich ihrer Betätigung?

d) Beschreiben Sie Aufbau und Wirkungsweise von Pfad 1 im Stromlaufplan.

e) Stellen Sie den Ablauf der Steuerung grafisch dar, indem Sie den GRAFCET ergänzen und kommentieren. Verwenden Sie für beide Zylinder speichernd wirkende Aktionen.

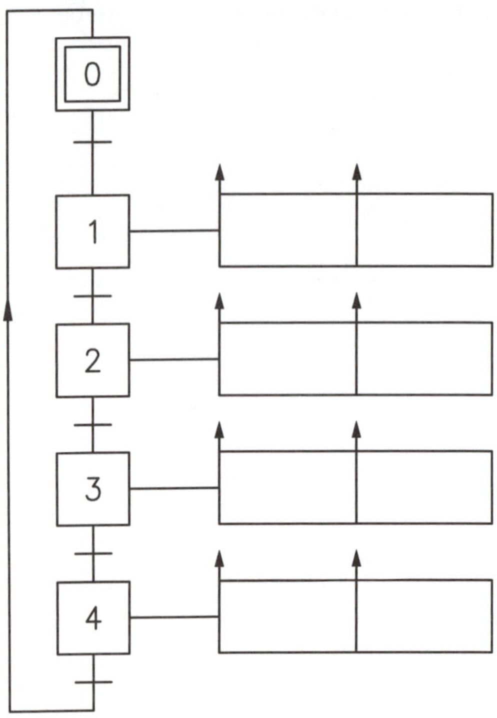

Kommentar:

Planung

Nennen Sie wichtige Schritte bei der Inbetriebnahme der Hubeinrichtung.
Halten Sie diese Schritte in einem Inbetriebnahme-Protokoll fest.

① Vorbereitung der Energieversorgung

② Inbetriebnahme der pneumatischen Komponente

③ Inbetriebnahme der elektrischen Komponente

④ Inbetriebnahme der gesamten Steuerung

Ausführung

Nehmen Sie die Steuerung gemäß Inbetriebnahme-Protokoll in Betrieb.

Kontrolle

Kontrollieren Sie Ihre durchgeführten Arbeiten und achten Sie darauf, dass alle Bauteile fachgerecht montiert und die geforderten Sicherheitseinrichtungen vorhanden und funktionsfähig sind.

Dokumentation

① Dokumentieren Sie die Inbetriebnahme (Zeitpunkt, eventuelle Besonderheiten).

② In einem Übergabeprotokoll kann die Funktionsfähigkeit der Anlage bestätigt werden. Es enthält auch eine Liste der Unterlagen, die zur Anlage gehören. Nennen Sie Beispiele.

③ Welche Anweisungen könnten in einem Wartungsplan stehen?

Problemstellung:

Sie nehmen die hydraulische Biegemaschine in Betrieb und führen Umformarbeiten durch. Sie erkunden die Funktionsweise und physikalischen Gesetzmäßigkeiten und führen Berechnungen durch.

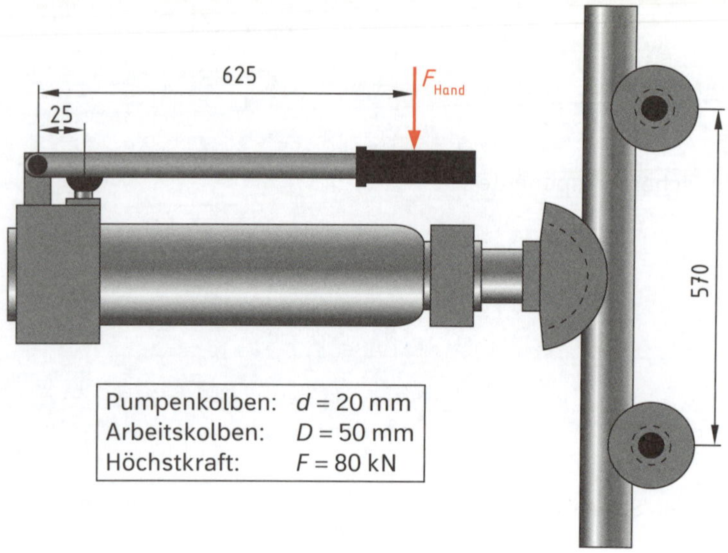

Pumpenkolben:	$d = 20$ mm
Arbeitskolben:	$D = 50$ mm
Höchstkraft:	$F = 80$ kN

① Beschreiben Sie die Funktionsweise der Biegemaschine.

② Nennen Sie wichtige Merkmale, bei denen sich die Hydraulik von der Pneumatik unterscheidet.

③ a) Zeichnen Sie in den vereinfachten Schaltplan die erforderlichen Rückschlagventile ein.
b) Welchen Zweck erfüllen die beiden bereits eingezeichneten Ventile?

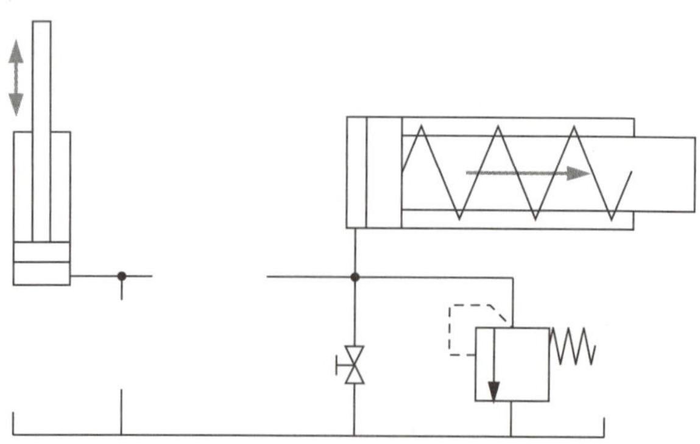

Hydraulische Presse

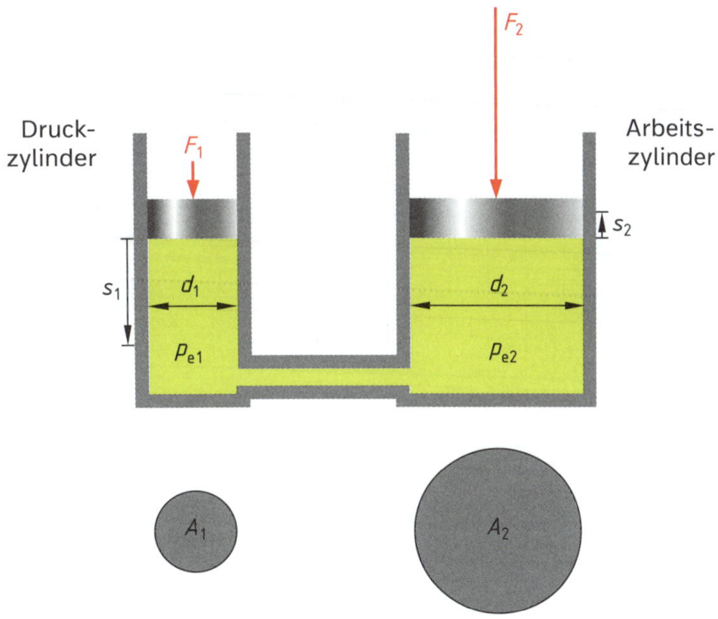

④ Die physikalischen Gesetzmäßigkeiten der Hydraulik lassen sich an einer hydraulischen Presse gut erkennen.

a) Vergleichen Sie die beiden Drücke p_{e1} und p_{e2}, wenn Gleichgewicht herrscht, und formulieren Sie daraus eine Gesetzmäßigkeit.

b) Wird der Druckkolben nach unten bewegt, so verdrängt er ein Flüssigkeitsvolumen, das dem Arbeitszylinder zugeführt wird. Welche Gesetzmäßigkeit gilt?

c) Wenn eine Kraft [N] eine Wegstrecke entlang [m] wirkt, sprechen wir von Arbeit [Nm ≙ Joule]. Bei der Bewegung des Druckkolbens wird Arbeit verrichtet.
Diese Energie (Arbeit) gelangt zum Arbeitszylinder.
Welche Gesetzmäßigkeit gilt dabei?

d) Das Übersetzungsverhältnis einer hydraulischen Presse ist das Verhältnis der Kraft 1 zur Kraft 2.
Ergänzen Sie die Rechengesetze in Bezug auf die Flächen der Zylinder und die Hubhöhen.

$$i = \frac{F_1}{F_2} = \_\_\_\_ = \_\_\_\_$$

e) Die Energieübertragung erfolgt nie völlig verlustfrei.
Durch welche Gegebenheiten wird der Wirkungsgrad in hydraulischen Systemen gemindert?

f) Welche Kraft am Arbeitskolben ist zu erwarten, wenn der Wirkungsgrad η berücksichtigt wird?

$$F_2 = \_\_\_\_\_\_$$

⑤ Führen Sie die folgenden Berechnungen zur Biegemaschine (S. 68) durch.
Der angenommene Wirkungsgrad des Hebels soll 85 %, der Wirkungsgrad der hydraulischen Presse soll 75 % betragen.

a) Beim Biegen eines Rohres muss mit einer mittleren Handkraft von 35 N gearbeitet werden.
Berechnen Sie die Kraft auf den Druckkolben und die Umformkraft auf den Arbeitskolben. (Ohne Berücksichtigung der Rückstellfeder)

b) Für das Biegen eines Flachstahls musste der Biegestempel mit einer mittleren Kraft von 4,2 kN um 185 mm bewegt werden. Der Pumpenkolben erlaubt einen Hub von maximal 25 mm.
Wie viele Pumpbewegungen waren erforderlich und wie groß war die dabei verrichtete Arbeit?

c) Berechnen Sie alle Übersetzungsverhältnisse an der Biegemaschine.

d) Die maximal zulässige Biegekraft ist mit 80 kN angegeben.
Welche Handkraft muss dazu aufgebracht werden und auf welchen Druck muss das Druckbegrenzungsventil (Sicherheitsventil) eingestellt sein?

Problem:

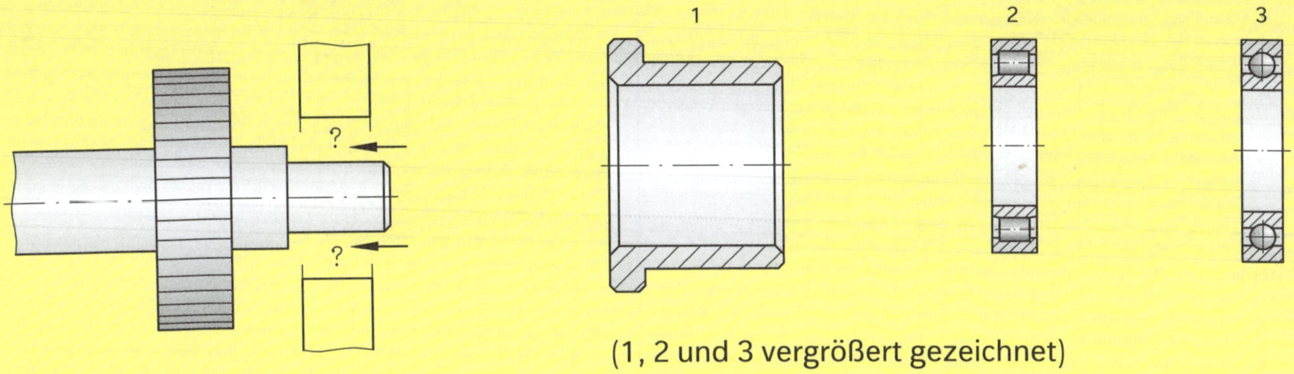

(1, 2 und 3 vergrößert gezeichnet)

Die Lagerzapfen einer Zahnradwelle sollen gelagert werden. Dem Konstrukteur stehen drei Möglichkeiten zur Verfügung. Diskutieren Sie die Vor- und Nachteile dieser Lösungsmöglichkeiten.

1 Lager

A Zweck

① Welche Aufgabe haben Lager?

② Wie bezeichnet man die angegebenen Teile am Lager?

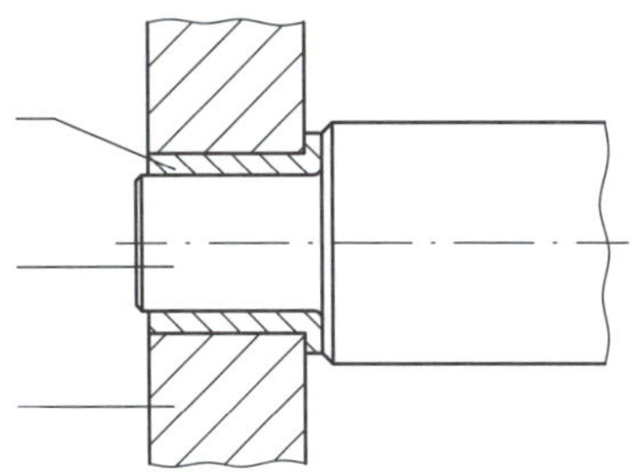

B Lagerarten

① Welche Lager unterscheidet man nach der Art der **Belastung**? Geben Sie mit Pfeilen die Richtung der Belastung an.

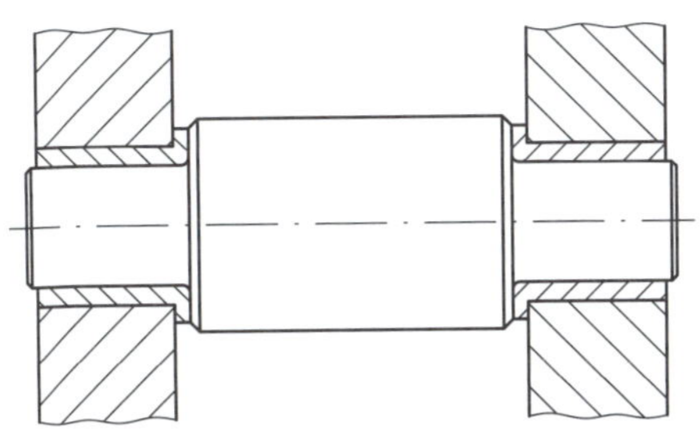

Lager, die Kräfte ____ zur Bohrungsachse aufnehmen, nennt man ____

oder ____

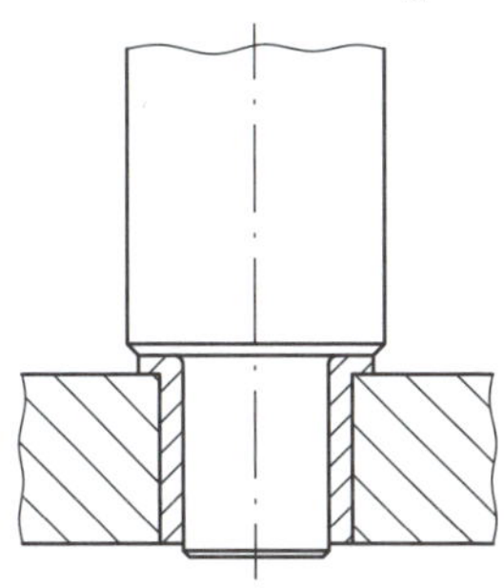

Lager, die Kräfte ____ zur Bohrungsachse aufnehmen, nennt man ____

oder ____

② Welche Lager unterscheidet man nach der Art der **Reibung**?

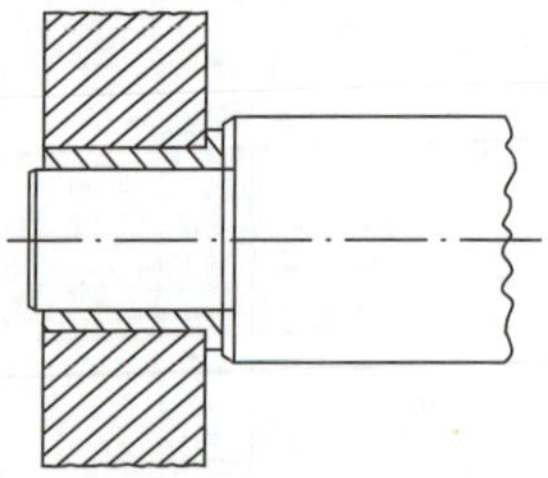

Art der Reibung: ______

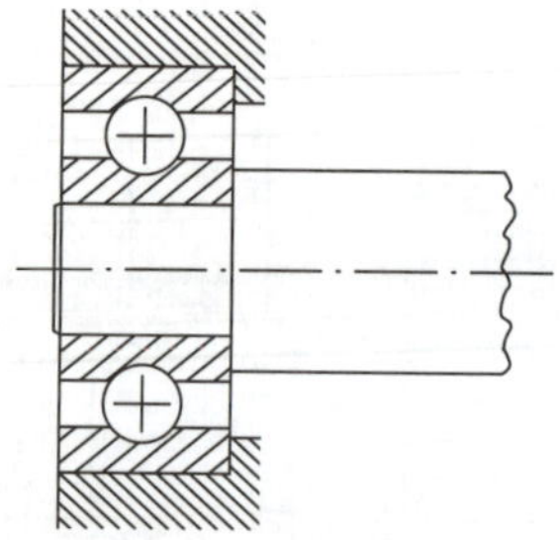

Art der Reibung: ______

C Werkstoffe von Gleitlagern

① Welche Eigenschaften werden vom Werkstoff eines Gleitlagers verlangt?

Eigenschaften von Gleitlagern

② Aus welchen Werkstoffen werden Gleitlager (Lagerbuchsen, Lagerschalen) vorwiegend hergestellt? (Tabellenbuch benutzen!)

Gleit-lager

D Schmierung bei Gleitlagern

① Welche Arten von Schmierung unterscheidet man bei Gleitlagern?

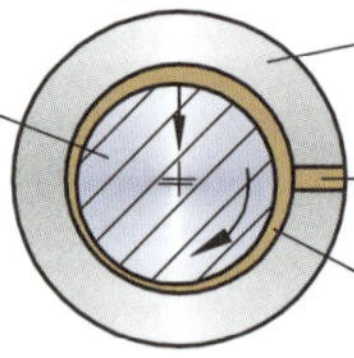

______ Schmierung

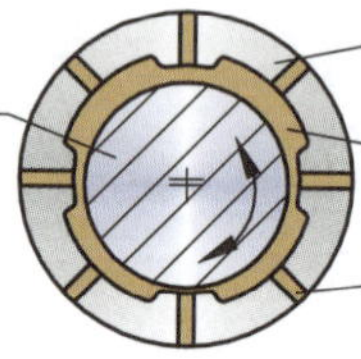

______ Schmierung

② Wie wird der Schmierfilm erzeugt?

Wie wird der Schmierfilm erzeugt?

③ Welchen Nachteil hat diese Schmierung?

Welchen Vorteil hat diese Schmierung?

E Wälzlager

① Aus welchen Teilen besteht ein Wälzlager?

Beispiel:
Rollenlager

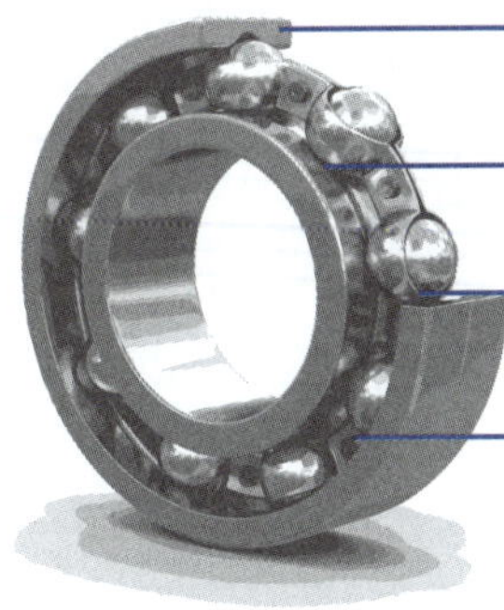

② Nennen und skizzieren Sie die Wälzkörperformen, die bei Wälzlagern verwendet werden.

Wälzkörperformen

③ Welche zwei Grundarten von Wälzlagern unterscheidet man nach der Wälzkörperform?

Wälzlager

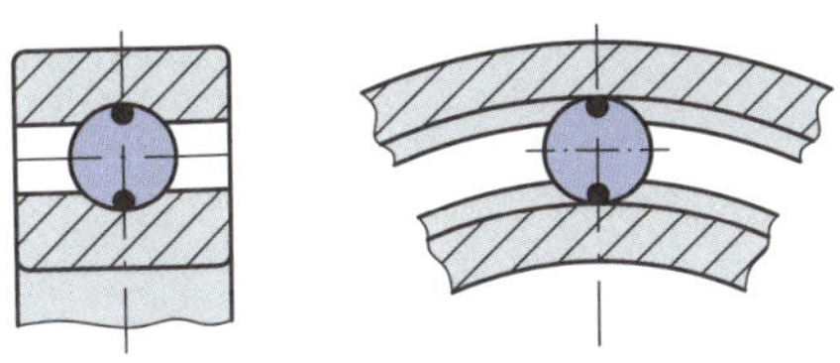

Prinzip:

-berührung

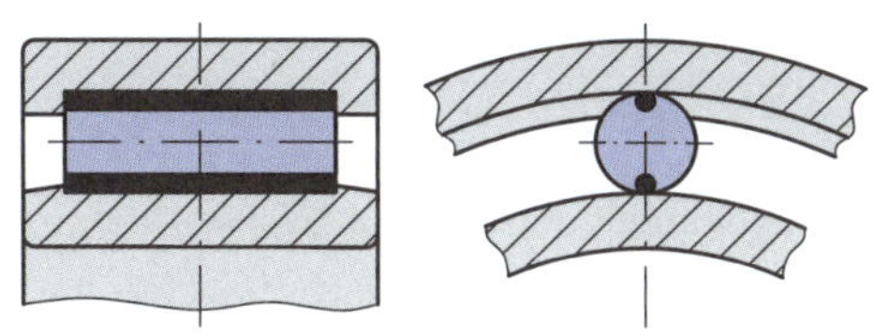

Prinzip:

-berührung

④ Welche Vorteile und Nachteile haben Wälzlager gegenüber Gleitlagern?

Vorteile	**Nachteile**

F Arten von Wälzlagern

Welche genaueren Bezeichnungen tragen die folgenden Wälzlager? (Die Pfeile geben die möglichen Belastungsrichtungen an.)

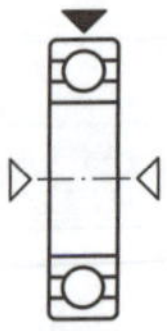

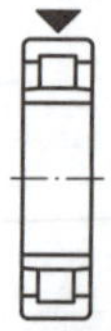

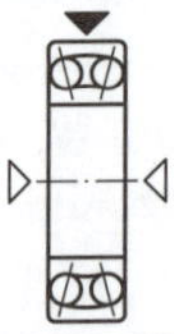

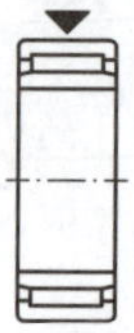

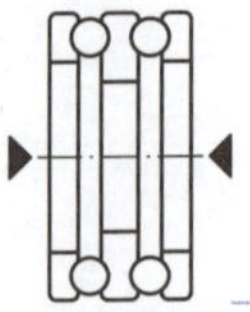

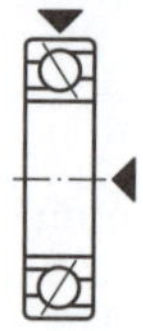

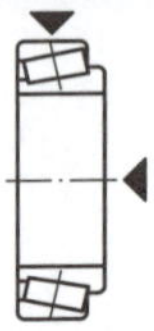

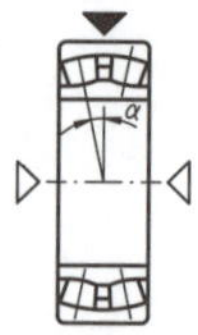

G Schmierung bei Wälzlagern

① Mit welchem Schmiermittel werden Wälzlager vorwiegend geschmiert?

Wälzlagerschmierung mit

② Welche Aufgaben erfüllt das Schmierfett bei Wälzlagern?

Aufgaben Schmierfett

③ Welche Faustregel für die Fettmenge gilt beim Schmieren?

2 Führungen

A Begriff und Zweck

① Kennzeichnen Sie mit Kreisen die Stellen an einer konventionellen Drehmaschine, an denen sich Führungen befinden.

② Welche Aufgaben haben Führungen?

B Arten von Führungen

① Führungen lassen sich einteilen nach ihrer **Form**. Wie bezeichnet man die abgebildeten Führungen?

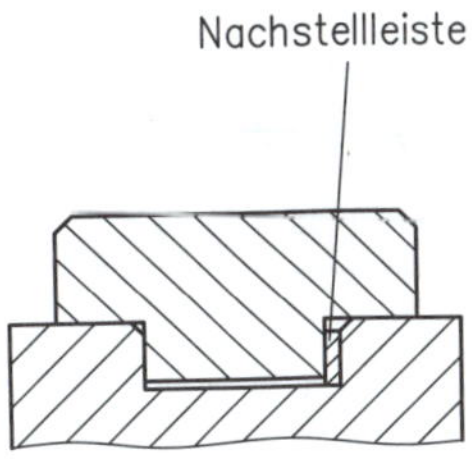

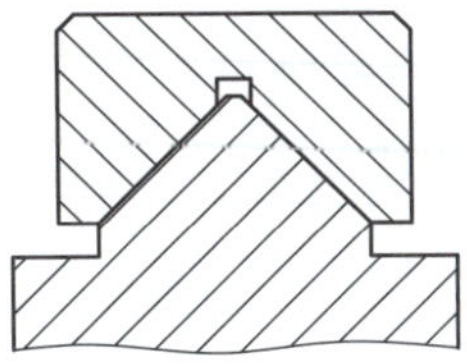

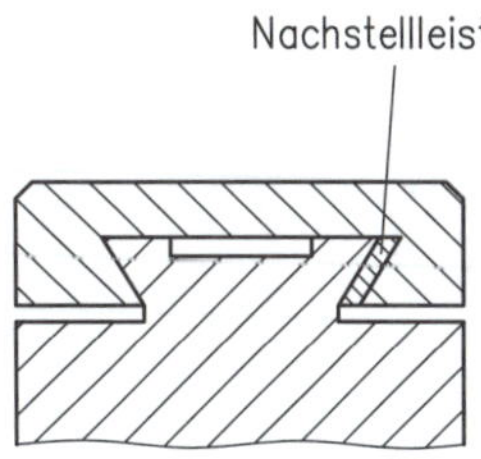

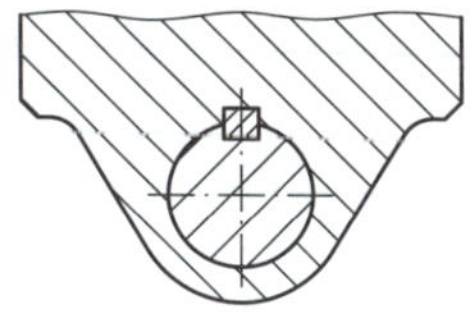

Führungen, die Kräfte nur in bestimmte Richtungen aufnehmen können, bezeichnet man als offene Führungen; Führungen, die Kräfte in alle Richtungen aufnehmen können, als geschlossene Führungen.
Ordnen Sie die abgebildeten Führungen zu.

Offene Führungen	Geschlossene Führungen

② Führungen lassen sich einteilen nach der Art der **Reibung**.
Wie bezeichnet man die abgebildeten Führungen?

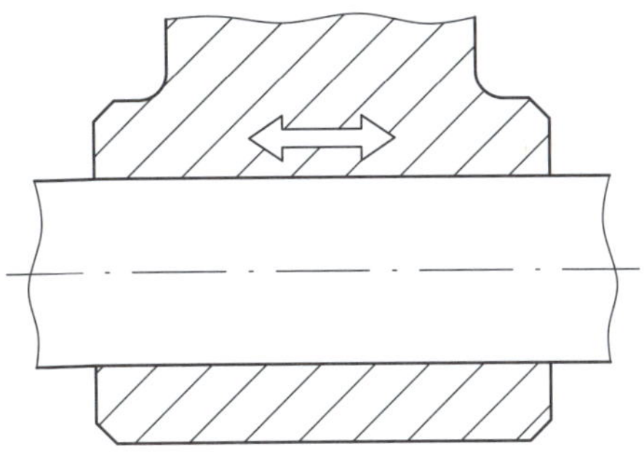

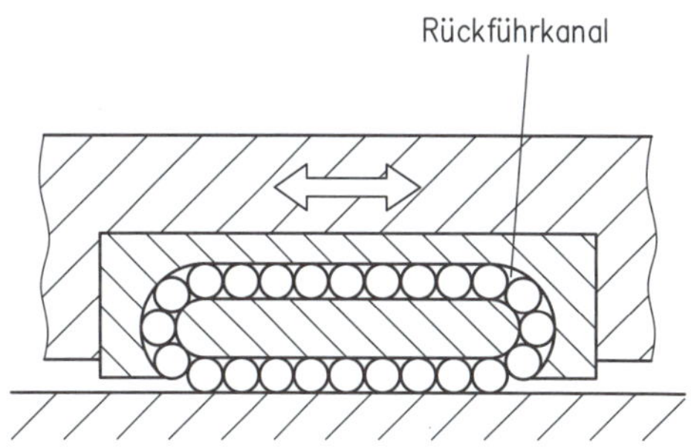

C Schmierung bei Führungen

Wie werden **Gleit**führungen geschmiert?

Schmierungsverfahren	Vorteile? Nachteile?

Berechnungen zur Flächenpressung

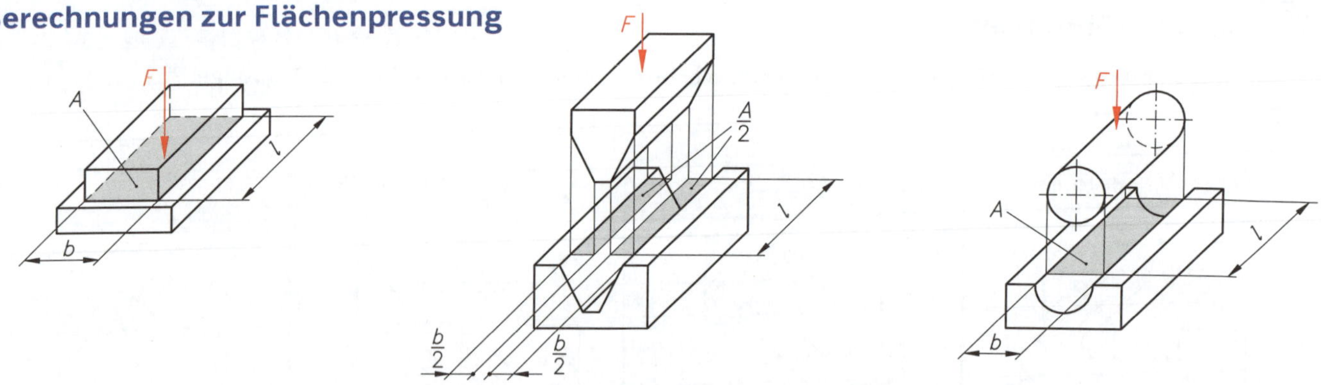

Unter der Flächenpressung versteht man die Kraft pro mm², mit der ein Körper auf einen anderen drückt. Daraus folgt die Formel:

$$p = \frac{F}{A} \quad \left[\frac{\text{N}}{\text{mm}^2}\right]$$

F Kraft in N
A rechnerische Berührungsfläche in mm² (projizierte Fläche!)
p Flächenpressung in N/mm²

Die Flächenpressung *p* darf nicht so groß sein, dass der Schmierfilm auseinandergedrückt wird und Lager oder Führungsbahnen durch Trocken- und Mischreibung beschädigt werden (zulässige Flächenpressung siehe Tabellenbuch).

① Wie wird die rechnerische Berührungsfläche *A* in den Fällen 2 (Prismenführung) und 3 (Gleitlager) ermittelt?

② Eine Lagerschale besteht aus SnSb12Cu6Pb. Wie groß ist die zulässige Belastung F_{zul} bei laufender Welle (≙ dynamische Belastung). Zulässige Flächenpressung p_{zul} für Gleitlager siehe Tabellenbuch.

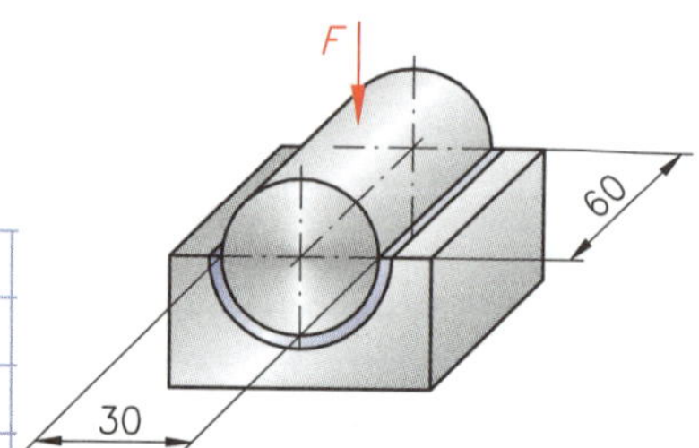

③ Auf eine Prismenführung von 800 mm Länge drückt eine Kraft von 12 kN. Wie groß ist die Flächenpressung?

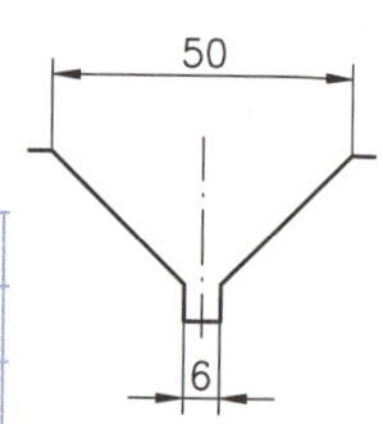

Berechnungen zu Reibungskräften mit und ohne Schmierung

Die Reibungskraft F_R ist die Kraft, die erforderlich ist, um einen Körper (z. B. Kiste, Werkzeugschlitten, Lagerzapfen) auf einem anderen Körper (z. B. Betonboden, Maschinenbett, Lagerschale) zu verschieben.

Für die Berechnung der Reibungskraft F_R gilt:

$$F_R = F_N \cdot \mu \quad [N]$$

F_R Reibungskraft [N]
F_N Normalkraft [N] (≙ Gewichtskraft, Anpresskraft)
μ Reibungszahl (abhängig von den reibenden Materialien; s. Tabellenbuch)

Zu Arten der Reibungskraft (Haft-, Gleit-, Rollreibungskraft) vgl. Metalltechnik-Lernfelder 2–4.

① Der Werkzeugschlitten einer Drehmaschine hat ein Gewicht von 1 400 N. (Stahl auf Gusseisen)
Berechnen Sie
a) die Haftreibungskraft (≙ die Kraft beim Anschieben) im trockenen und geschmierten Zustand,
b) die Gleitreibungskraft (≙ die Kraft nach dem Anschieben) im trockenen und geschmierten Zustand (Reibungszahlen s. Tabellenbuch).

② Ein Gleitlager aus einer Cu-Sn-Legierung wird von einer Zahnradwelle ⌀ 50 mm mit 4 kN belastet. Das Lager ist gut geschmiert. Berechnen Sie
a) die Haftreibungskraft,
b) das Drehmoment der Haftreibung (Drehmoment s. Metalltechnik-Lernfelder 2–4.

③ Eine Stahlwelle belastet mit dem Gewicht von 300 N ein Gleitlager. Um die Haftreibung zu überwinden, ist eine Kraft von 12 N erforderlich. Aus welchem Material besteht die Gleitbahn des Lagers?

Problem:

Der Motor eines Kraftfahrzeugs verliert langsam, aber kontinuierlich Motorenöl (≙ Öl in der Ölwanne, in der die Kurbelwelle gelagert ist).
Welche Ursachen kann dieser Ölverlust haben?

A Aufgaben von Dichtungen

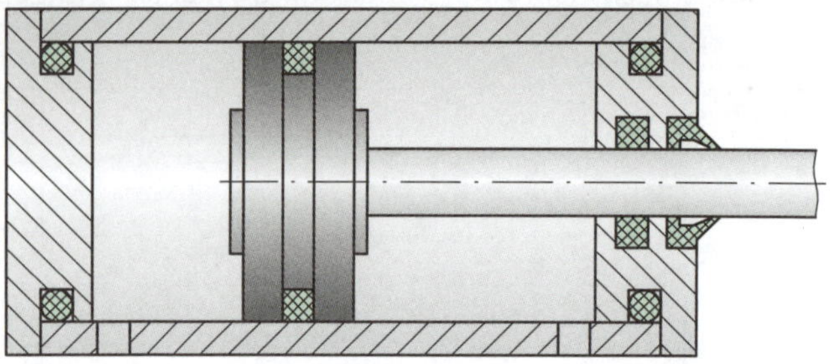

Beziffern Sie alle Dichtungen im skizzierten Hydraulikzylinder und begründen Sie deren Notwendigkeit bzw. Aufgabe.

1

2

3

4

5

B Arten von Dichtungen

① Welche zwei grundsätzlichen Arten von Dichtungen unterscheidet man?

Dichtungen

am skizzierten Hydraulikzylinder:

Nr.

Merkmal:

am skizzierten Hydraulikzylinder:

Nr.

Merkmal:

Nachteil:

② Welche Dichtungen im skizzierten Hydraulikzylinder wirken statisch und dynamisch?

Dichtungen Nr. ____________

C Werkstoffe von Dichtungen

① Welche Eigenschaften müssen Dichtungswerkstoffe besitzen?

Eigenschaften von Dichtungen

- ______________________________
- ______________________________
- ______________________________
- ______________________________
- ______________________________
- ______________________________

② Welche Werkstoffe werden bei Dichtungen verwendet?

____

____

D Beispiele von statischen Dichtungen

① Wie bezeichnet man die skizzierten Dichtungen?

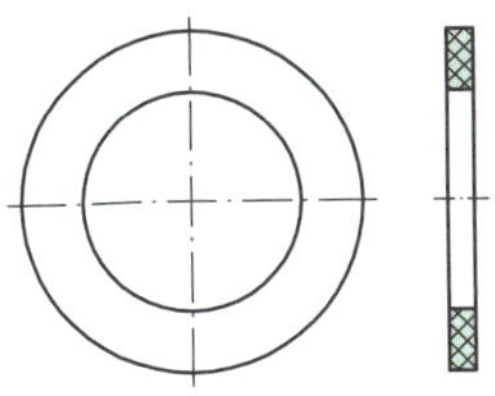

____
(Bezeichnung)

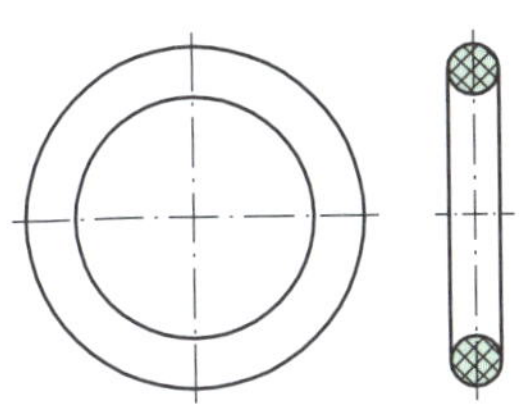

____

____
(Bezeichnung)

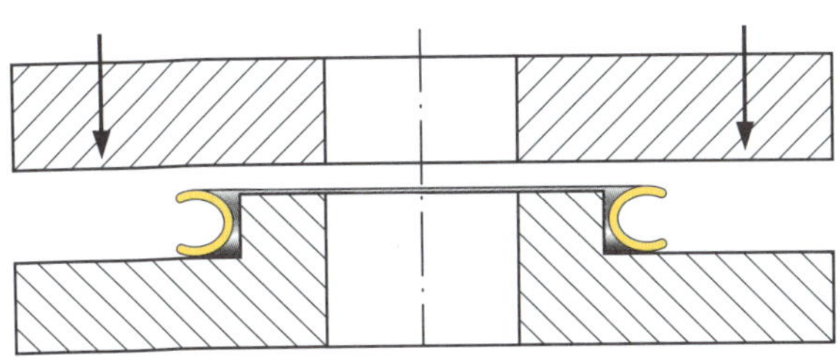

____

____

② Nennen Sie weitere statische Dichtungen.

____

____

E Beispiele von dynamischen Dichtungen

① Berührende dynamische Dichtungen

a) Wie wird die skizzierte Dichtung bezeichnet?

b) Benennen Sie die einzelnen Teile der Skizze.

Innenraum

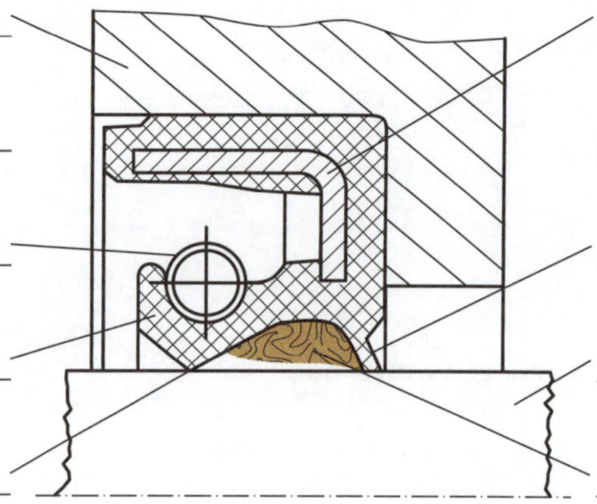

Außenraum

c) Erläutern Sie die vollständige Dichtringbezeichnung: **RWDR DIN 3760 - A 30 x 52 x 8 - NBR**

d) Nennen Sie weitere Beispiele für berührende dynamische Dichtungen.

② Berührungslose dynamische Dichtungen

a) Wie werden die skizzierten Dichtungen bezeichnet?

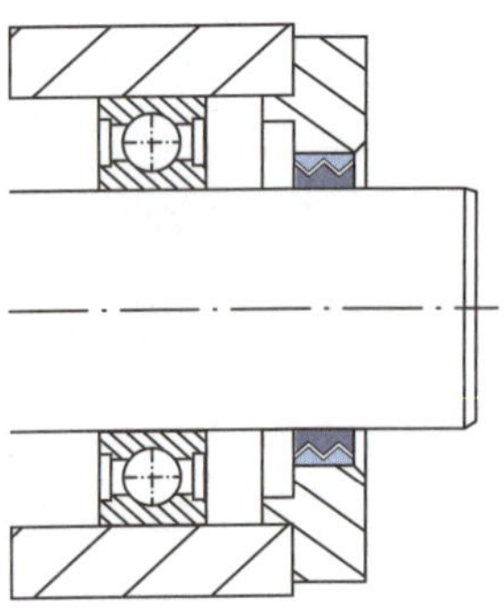

z. B.
Innenring: Stahl
Außenring: Aluminium

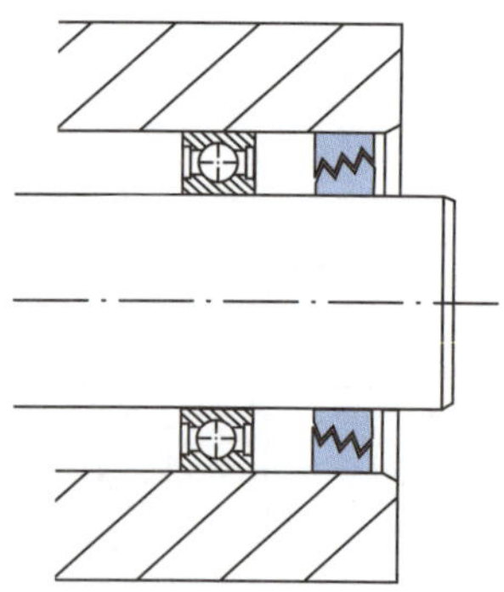

Kunststoffringe

b) Welche Vorteile haben berührungslose Bewegungsdichtungen?

Problemstellung:

Eine Welle soll ihre Drehbewegung (genauer: ihr Drehmoment) auf ein Zahnrad übertragen, das auf der Welle sitzt.

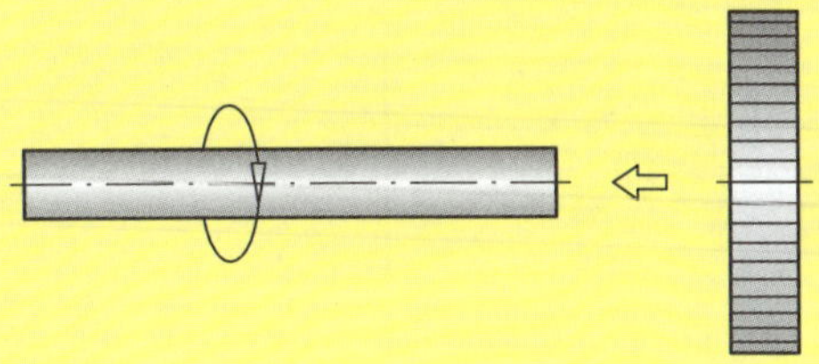

Welche technischen Möglichkeiten, die beiden Teile zu verbinden, kennen Sie?

____

____

A Aufgabe

Welche Aufgabe haben Welle-Nabe-Verbindungen?

____

B Arten von Welle-Nabe-Verbindungen

Welche zwei Hauptarten von Welle-Nabe-Verbindungen unterscheidet man?

a) Welle-Nabe-Verbindungen durch ____________________ .

b) Welle-Nabe-Verbindungen durch ____________________ .

C Formschlussverbindungen

① Wie bezeichnet man die abgebildeten Welle-Nabe-Verbindungen?
Notieren Sie Besonderheiten der einzelnen Verbindungen.

Bezeichnung	Besonderheiten
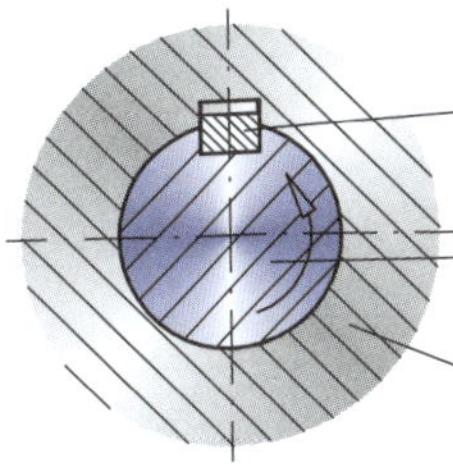	
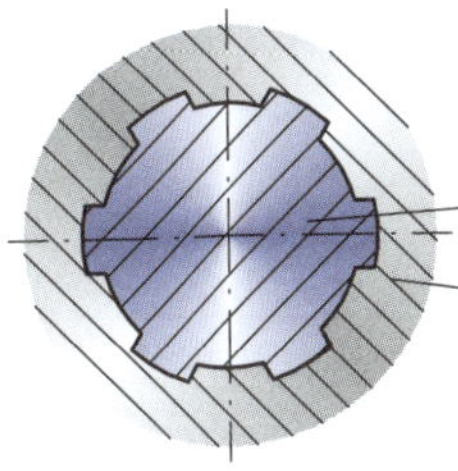	

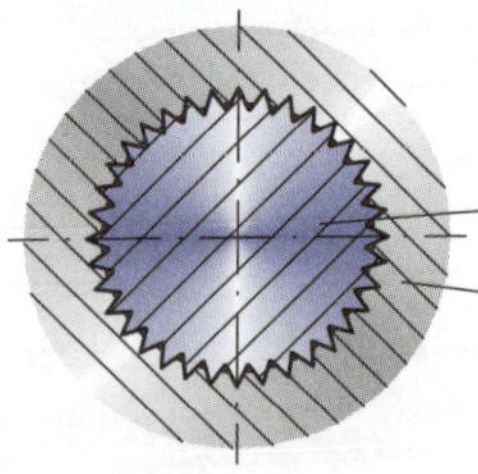

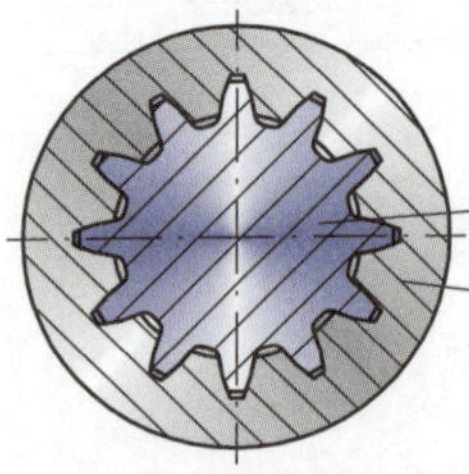

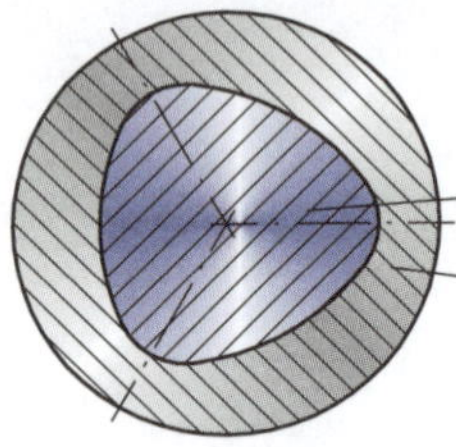

D Kraftschlussverbindungen

① Welcher grundlegende Unterschied besteht zwischen den Wellen rein kraftschlüssiger Welle-Nabe-Verbindungen und den Wellen formschlüssiger Verbindungen?

② Wie bezeichnet man die abgebildeten Welle-Nabe-Verbindungen?

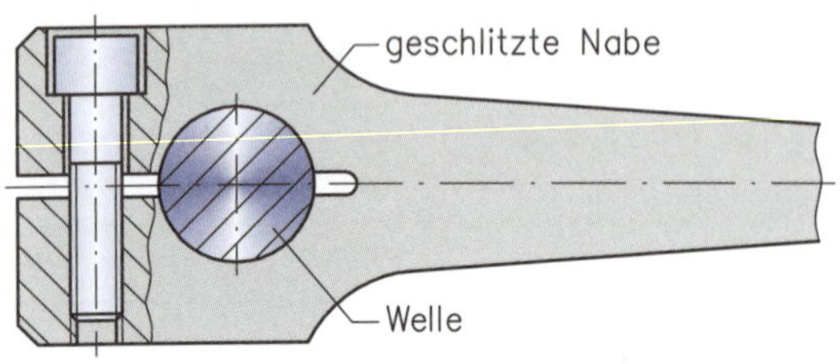

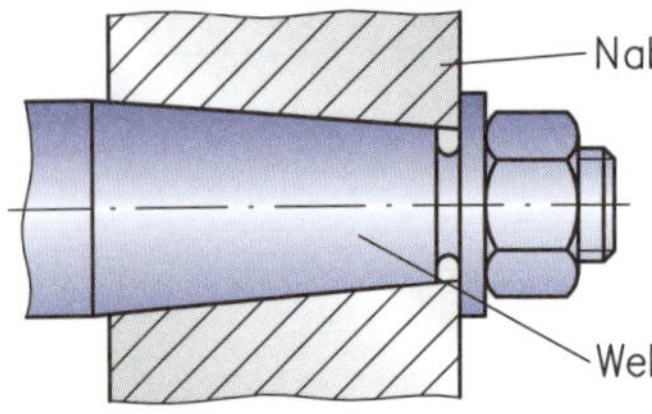

E Form- und kraftschlüssige Verbindungen

① Wie bezeichnet man die abgebildeten Welle-Nabe-Verbindungen?

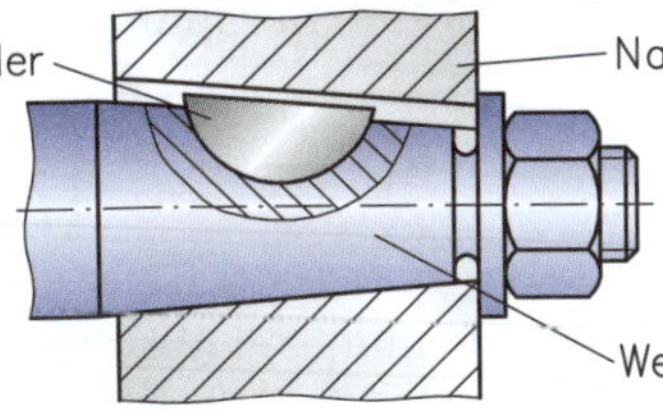

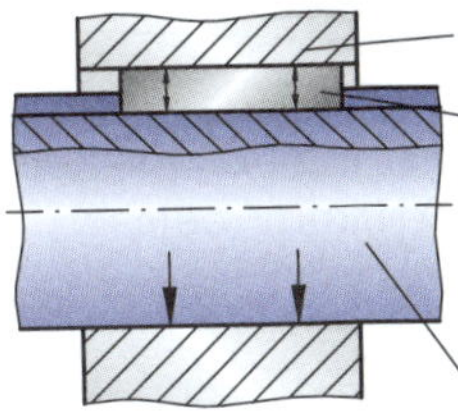

② Wodurch unterscheiden sich Keile und Passfedern?

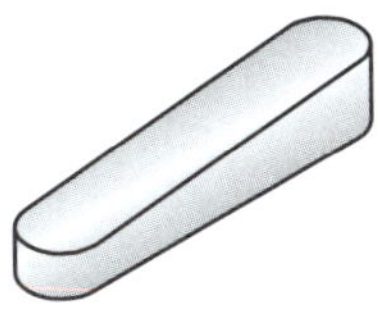

a) Keile haben eine ______________________.

Neigung ________ : ________

b) Durch die Neigung erzeugen Keile

______________________.

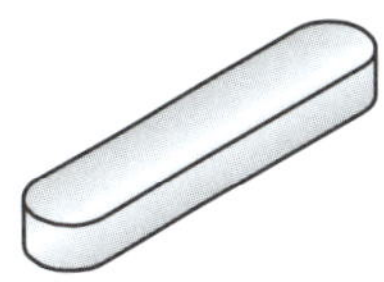

a) Passfedern haben **keine** ______________________.

b) Passfedern erzeugen **keine**

______________________.

F Wellensicherungen

① Welche Aufgaben haben Wellensicherungen?

____

____

② Wie bezeichnet man die abgebildeten formschlüssigen Wellensicherungen?
Notieren Sie, ob die Wellensicherung auf einer Wellennut oder in einer Bohrungsnut montiert wird.

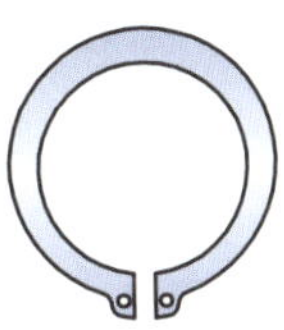

____

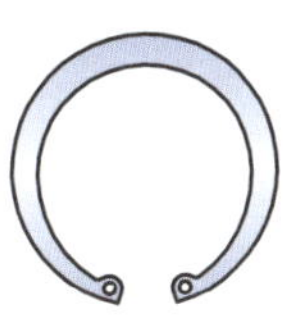

____

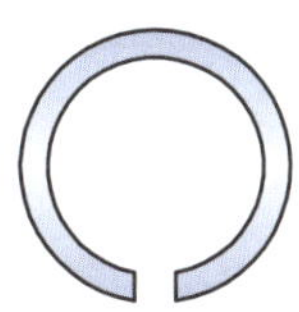

____

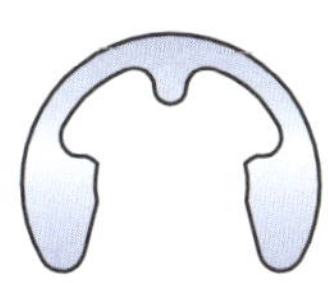

____

Berechnungen zur Scherfestigkeit

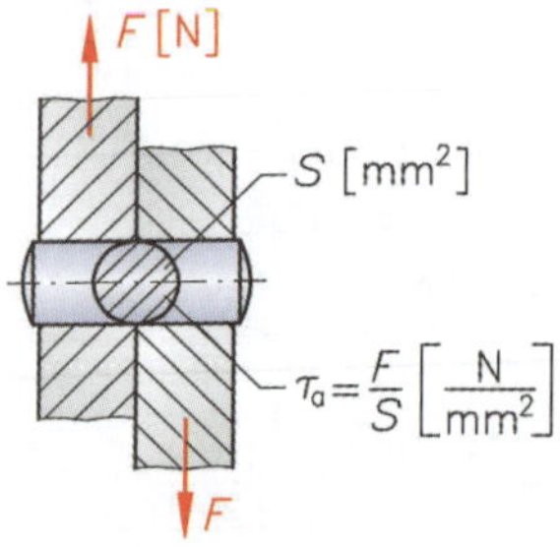

Die Scherspannung wird nach Art der Zugspannung berechnet (s. Lernfeld 1).

Zugspannung		Scherspannung
$\sigma_z = \dfrac{F}{S} \left[\dfrac{N}{mm^2}\right]$	→	$\tau_a = \dfrac{F}{S} \left[\dfrac{N}{mm^2}\right]$

Faustregel zur Berechnung der Scherfestigkeit (Belastung bei Abscheren):
Scherfestigkeit ≈ 0,8 · Zugfestigkeit

① Der Zylinderstift ⌀ 5 mm (s. oben) ist ein Abscherstift, d. h., er schert bei einer bestimmten Belastung ab. Wie hoch ist diese Belastung, wenn die Zugfestigkeit (= Bruchspannung bei Zug) des Abscherstiftstahls 500 N/mm² beträgt?

② Eine Passfeder DIN 6885-1-A-8x7x40 (s. Tabellenbuch!) wird auf Abscheren beansprucht. Die Zugfestigkeit des Passfederstahls beträgt 600 N/mm². Berechnen Sie

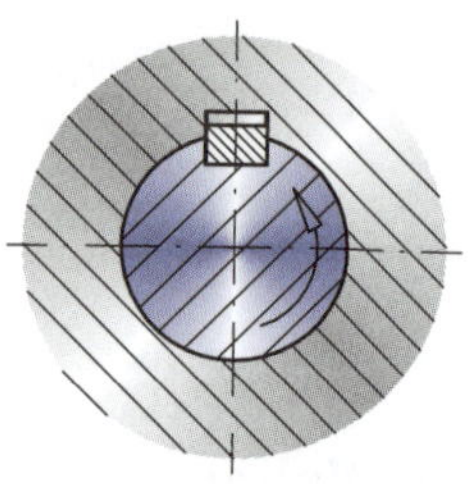

a) die Gesamtbelastung beim Abscheren,

b) die zulässige Gesamtbelastung bei 4-facher Sicherheit.

A Vergleich: konventionelle Maschine – numerisch gesteuerte Maschine

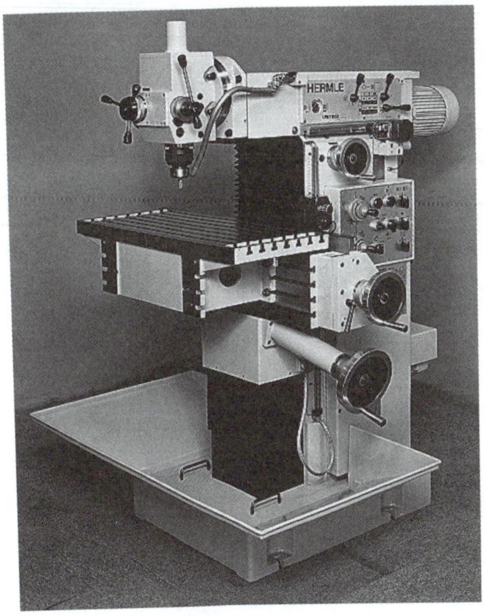

Wie unterscheiden sich eine konventionelle handbediente Fräsmaschine und eine numerisch gesteuerte Fräsmaschine in Bezug auf

konventionelle Fräsmaschine		numerisch gesteuerte Fräsmaschine
	Hauptantrieb	
	Vorschub-antriebe	
	Hand-bedienung	
	Wegbestim-mung	
	Vorschub-spindeln	
	Führungs-bahnen	
	Werkzeug-spannung	

B Koordinatensysteme

① Tragen Sie die Haupt- und Drehachsen des rechtshändigen Koordinatensystems in die Tabelle ein.

Hauptachsen	Drehachsen

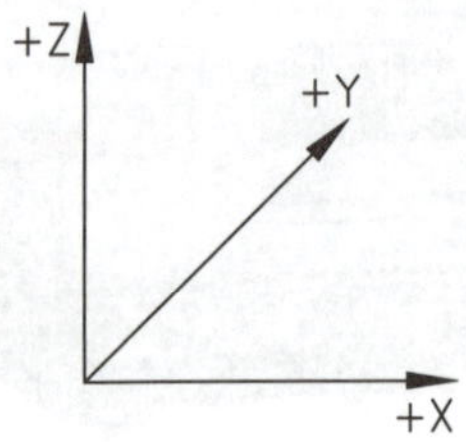

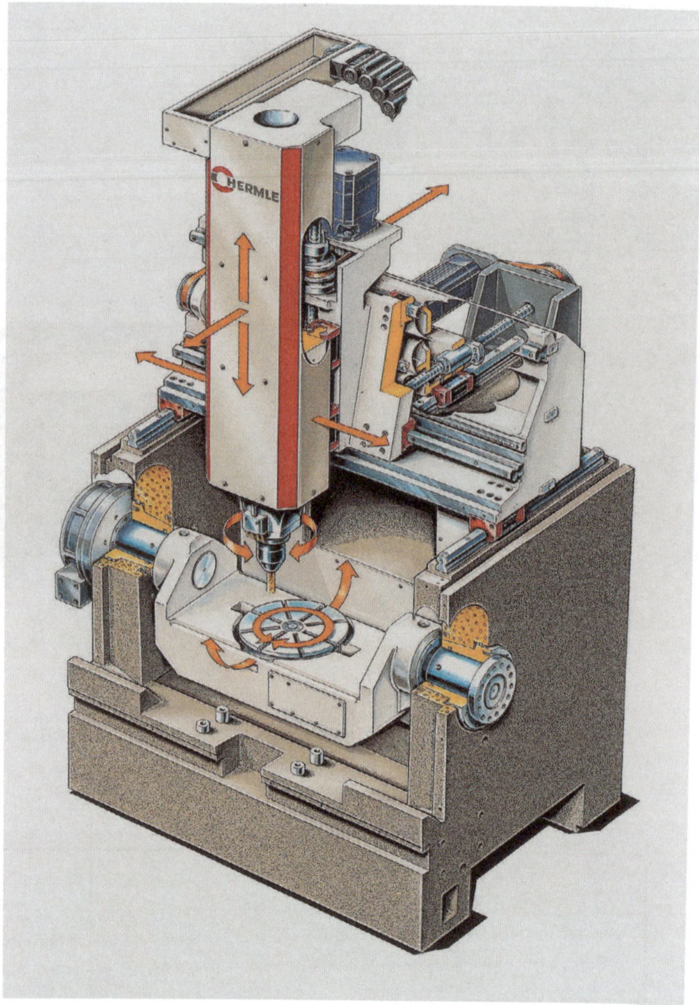

② Tragen Sie die Drehachsen A, B und C in das gegebene Koordinatensystem ein. Die positive Drehrichtung ist – vom Nullpunkt aus in positiver Achsrichtung gesehen – im Uhrzeigersinn.

③ Benennen Sie die Hauptachsen sowie die Drehachsen von Rundtisch und Schwenktisch der abgebildeten CNC-Fräsmaschine.

C Übungen mit Koordinatensystemen

Bei CNC-Werkzeugmaschinen gibt es verschiedene Koordinatensysteme, bezogen auf die Maschinenart. Die Hauptspindel ist die Z-Achse.
Der Programmierer geht immer davon aus, dass sich das Werkzeug bewegt.

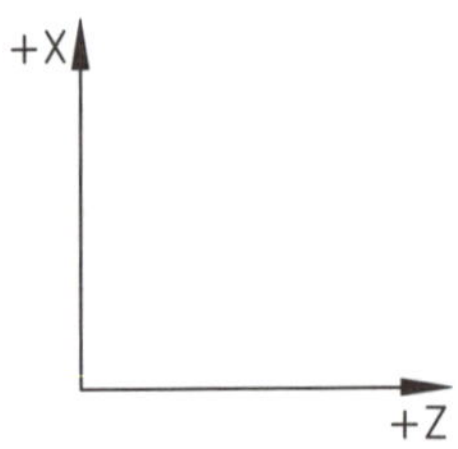

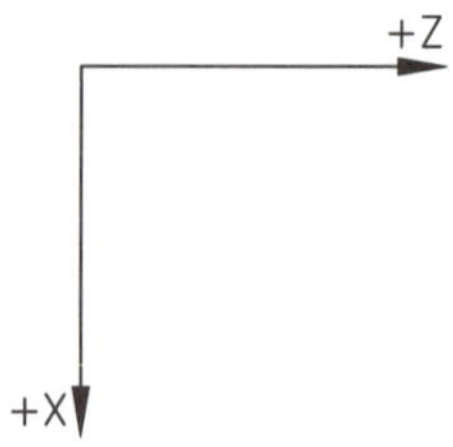

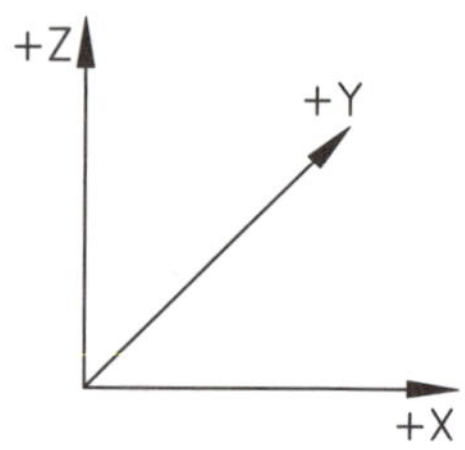

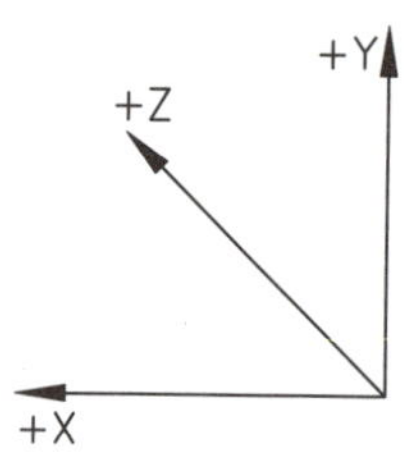

① Um welche Werkzeugmaschinen handelt es sich bei den abgebildeten Koordinatensystemen? (Blickrichtung vor der Maschine stehend auf das Werkstück)

② Tragen Sie die Koordinatenpunkte in die Tabelle ein. Beachten Sie dabei, dass beim Drehen alle X-Koordinaten auf den Durchmesser bezogen sind! Die Größe der Quadrate soll 5 mm betragen.

Drehmaschine

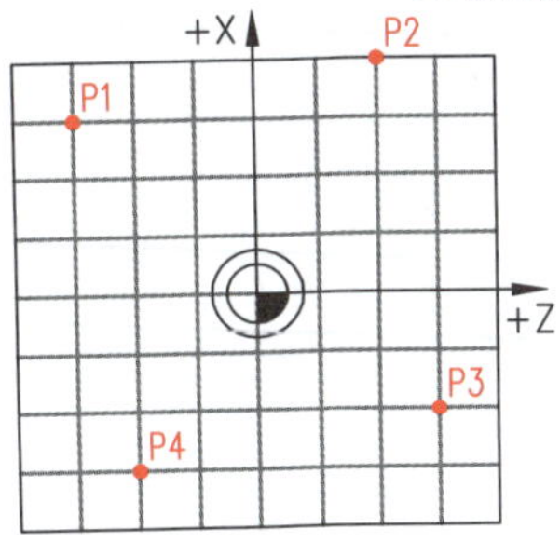

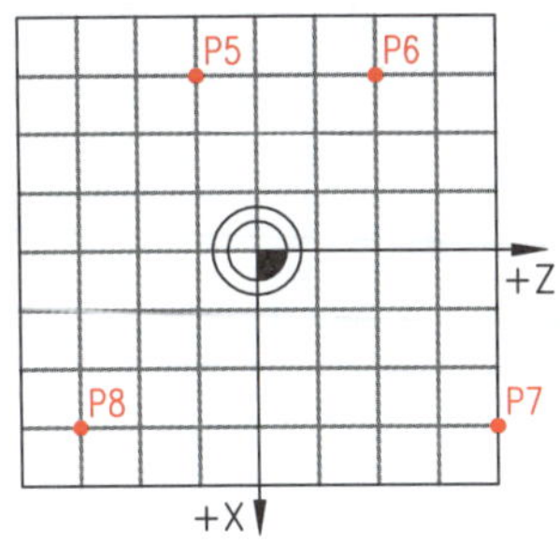

	X	Z
P1		
P2		
P3		
P4		

	X	Z
P5		
P6		
P7		
P8		

Fräsmaschine

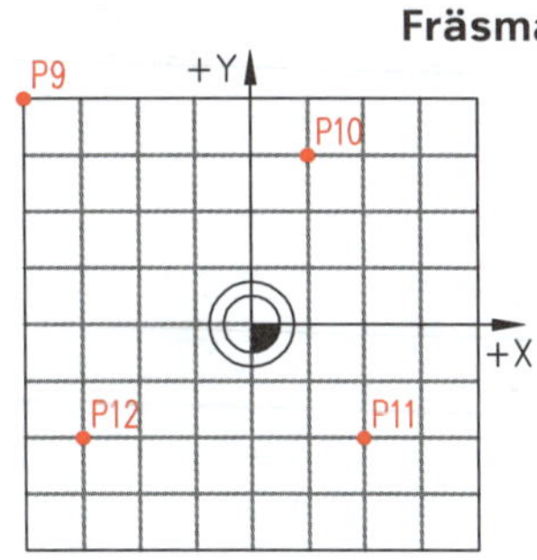

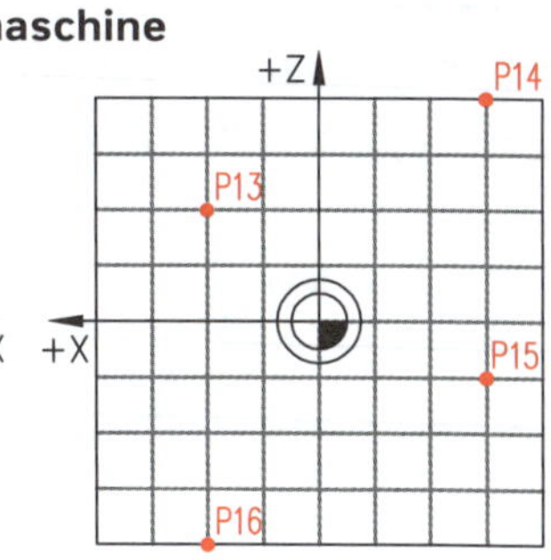

	X	Y
P9		
P10		
P11		
P12		

	X	Z
P13		
P14		
P15		
P16		

D Bezugspunkte

Im Arbeitsraum einer Werkzeugmaschine werden besondere Punkte durch Symbole gekennzeichnet.

① Ergänzen Sie die Tabelle der Bezugspunkte mithilfe des Tabellenbuchs.

Symbol	Kennbuchstabe	Bezeichnung

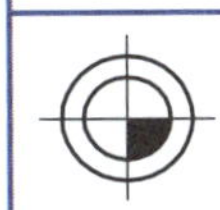		
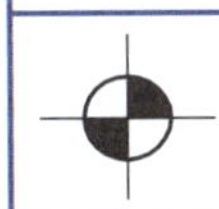		
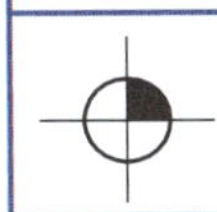		

② Tragen Sie in die skizzierte Senkrecht-Fräsmaschine und die Drehmaschine die Achsrichtungen ein und versehen Sie die Symbole der Bezugspunkte mit den entsprechenden Kennbuchstaben.

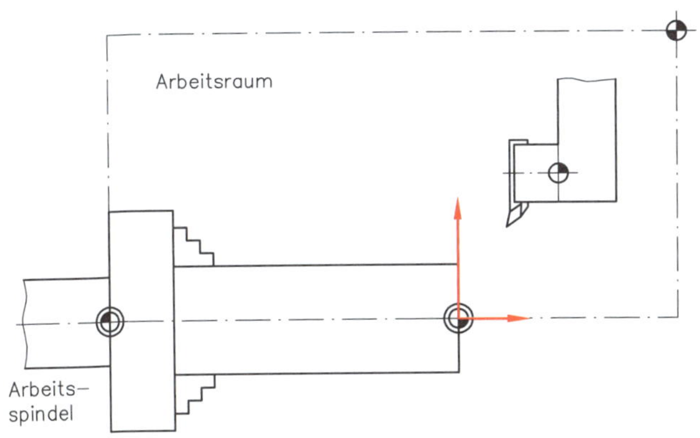

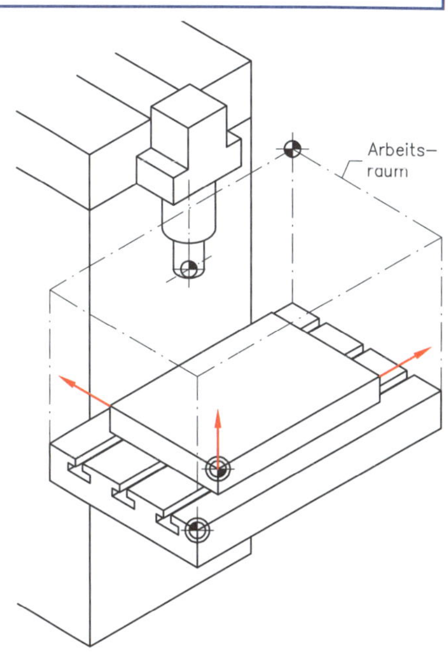

E Regelkreis

Die Abbildung zeigt den Regelkreis für eine Achse einer NC-gesteuerten Werkzeugmaschine. Erläutern Sie die abgebildeten Komponenten.

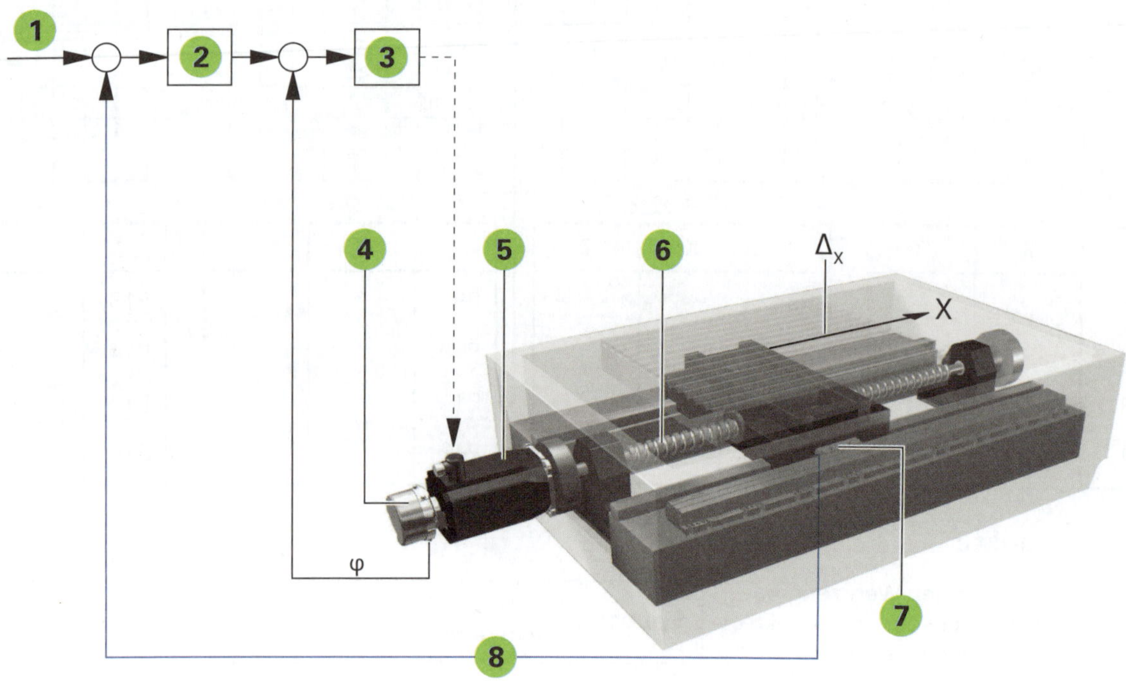

① Sollwert

② Lageregelung

③ Geschwindigkeitsregelung

④ Drehgeber

⑤ Motor

⑥ Kugelgewindetrieb

⑦ Wegmesssystem

⑧ Meldung

F Steuerungsarten

Die unten dargestellten prismatischen und zylindrischen Werkstücke sollen auf einer numerisch gesteuerten Werkzeugmaschine bearbeitet werden. Welche Steuerungsart ist dazu mindestens erforderlich?

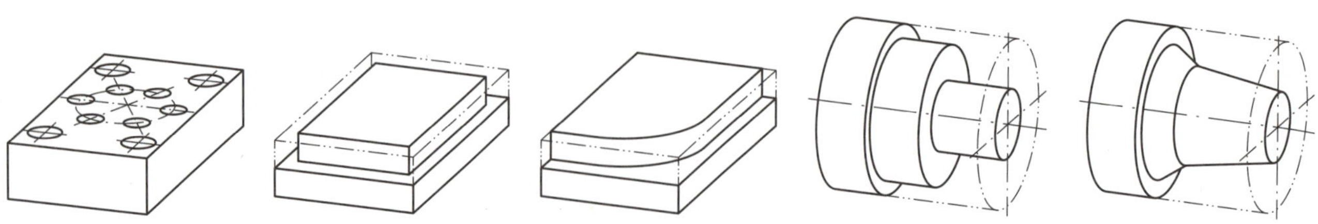

G Fotoelektrische Wegmesssysteme

Die Messung der Schlittenposition erfolgt durch Lichtenergie, welche von den Fotoelementen gemessen wird. Anwendung finden die inkrementale und die absolute Wegmessung.

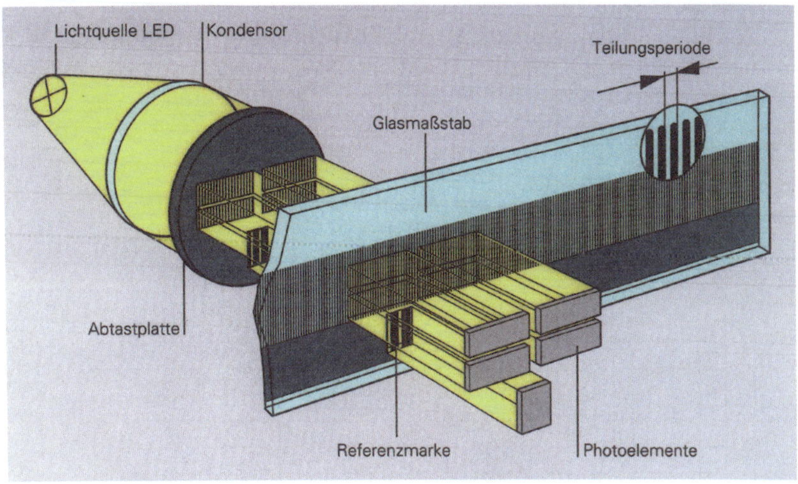

Inkrementales Wegmesssystem

Benennen und beschreiben Sie die Funktionen der fotoelektrischen Wegmesssysteme.

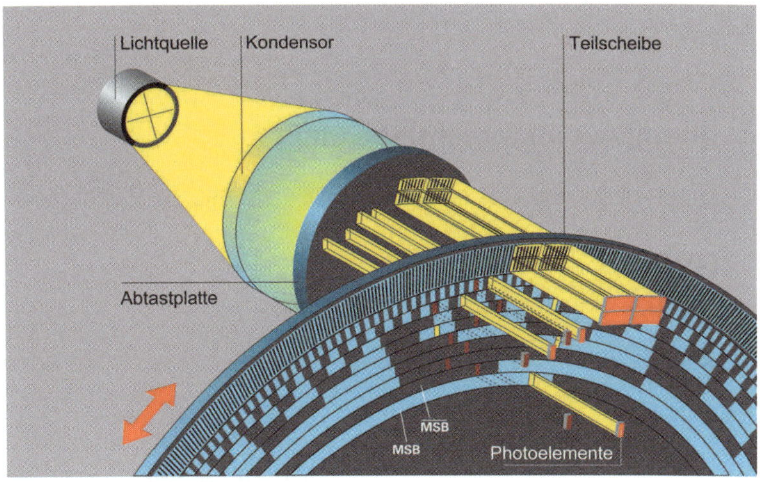

Absolutes Wegmesssystem

H Kugelgewindetrieb

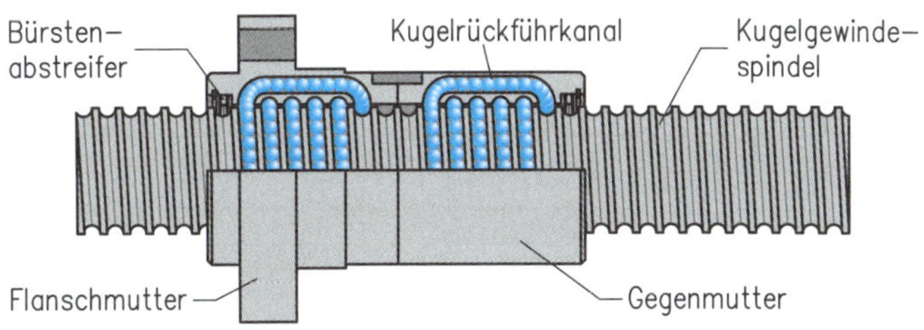

Kugelgewindetriebe sind präzise Antriebselemente für genaue Vorschub- und Positionieraufgaben. Nennen Sie die Vorteile des Kugelgewindetriebs.

A Übung mit absoluten Maßen

Zeichnen Sie den Werkstück-Nullpunkt ein und programmieren Sie die Werkzeugbewegungen im Absolutmaß. Benennen Sie die geometrischen Funktionen G00 und G01 und tragen Sie diese in das Programm ein. Die breite Volllinie soll 3 mm tief gefräst werden, ohne technologische Daten.

G00 ______________________

G01 ______________________

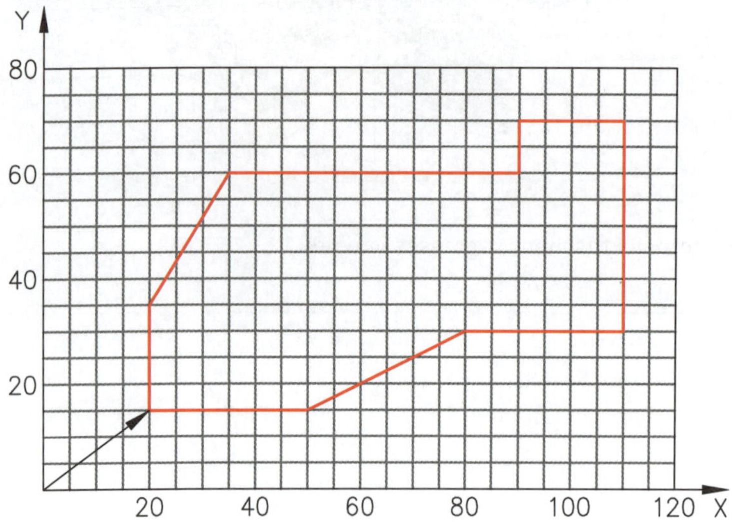

N	G	X	Y	Z
N1				
N2				
N3				
N4				
N5				
N6				
N7				
N8				
N9				
N10				
N11				
N12				
N13				

B Übung mit inkrementalen Maßen

① Erläutern Sie folgende Funktionen nach DIN 66025:

G90 ______________________

G91 ______________________

② Zeichnen Sie den Werkstück-Nullpunkt ein und programmieren Sie im Inkrementalmaß die Werkzeugbewegungen ohne technologische Daten. Die breite Volllinie soll 3 mm tief gefräst werden.

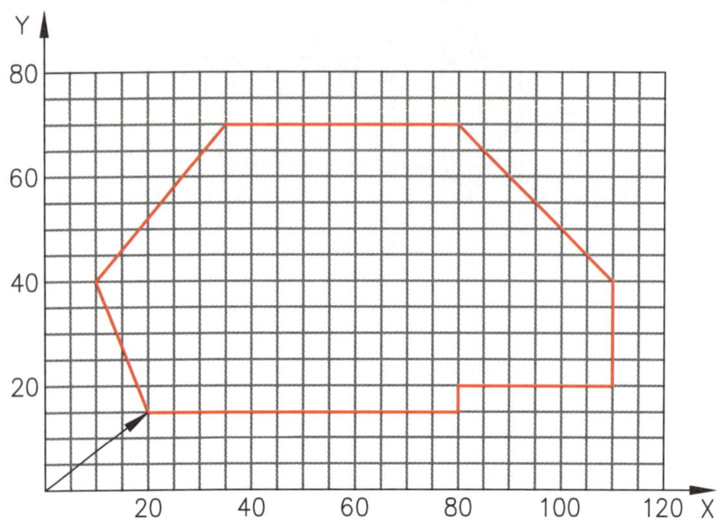

	G		Y	
N1				
N2				
N3				
N4				
N5				
N6				
N7				
N8				
N9				
N10				
N11				
N12				
N13				

C Übungen mit Kreisinterpolation

① Erläutern Sie folgende G-Funktionen nach DIN 66025:

G02 ______

G03 ______

X ______

Y ______

I ______

J ______

② Zeichnen Sie den Werkstück-Nullpunkt ein und erstellen Sie das CNC-Programm ohne technologische Daten. Die breite Volllinie soll 3 mm tief gefräst werden.

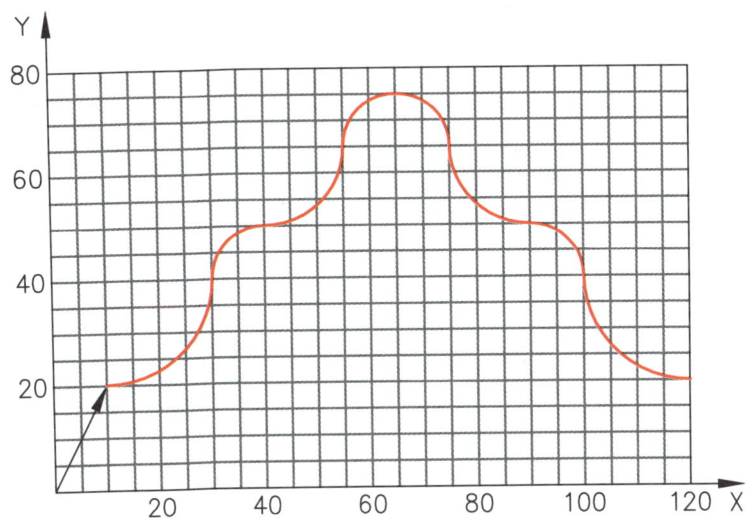

N	G	X	Y	Z	I	J
N1						
N2						
N3						
N4						
N5						
N6						
N7						
N8						
N9						
N10						
N11						

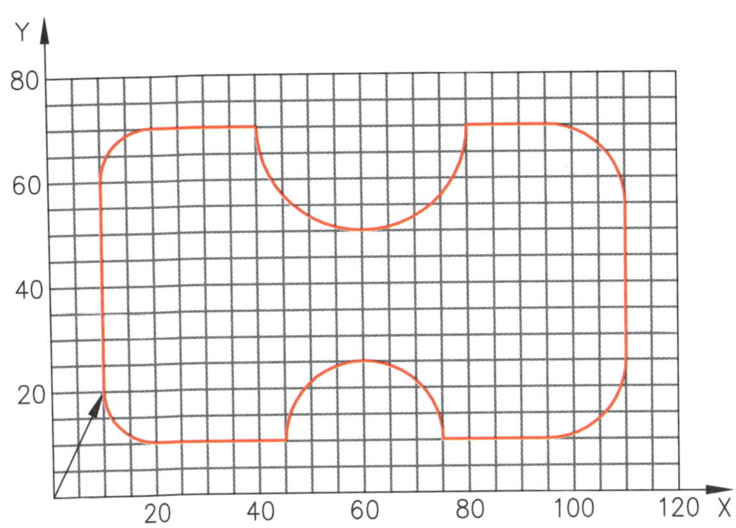

N	G	X	Y	Z	I	J
N1						
N2						
N3						
N4						
N5						
N6						
N7						
N8						
N9						
N10						
N11						
N12						
N13						
N14						
N15						
N16						

D Programmierübung ohne Werkzeugbahnkorrektur

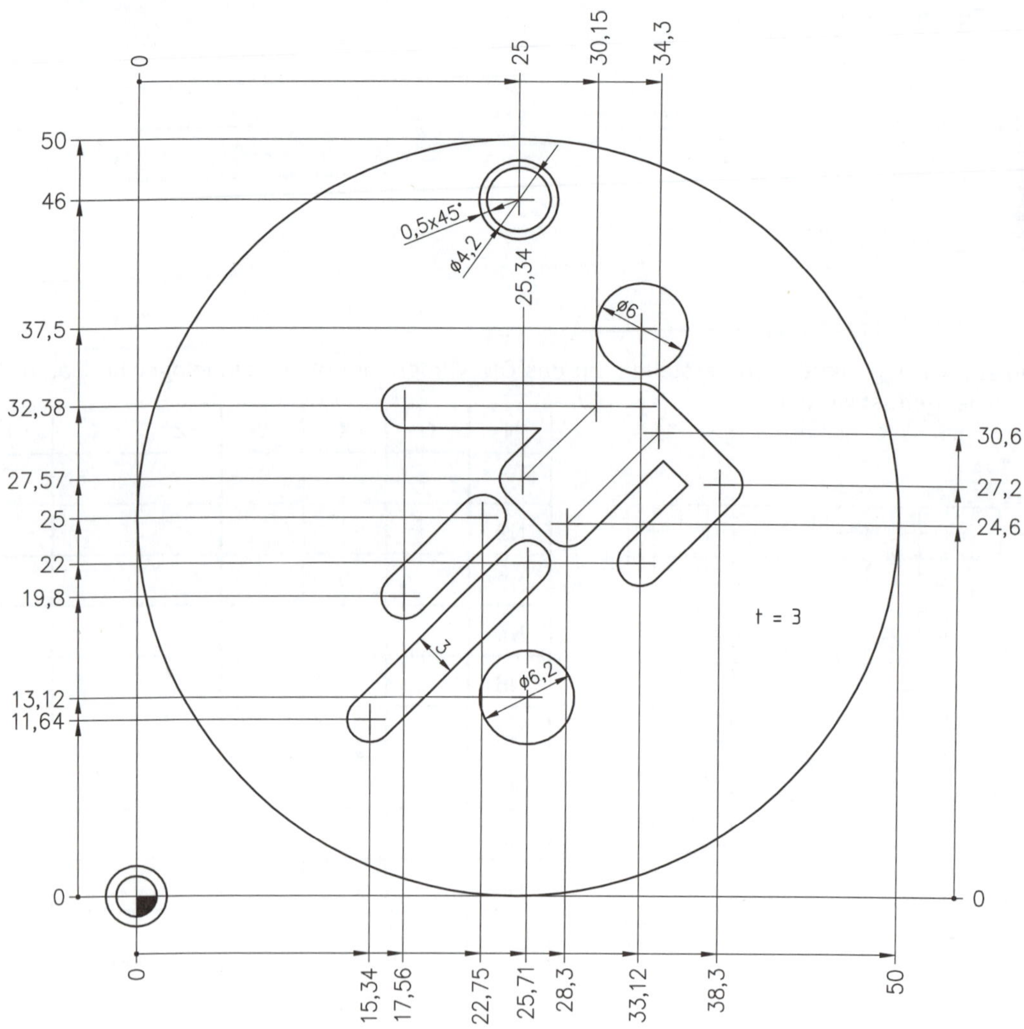

① Das abgebildete Piktogramm soll in Al-Scheiben oder in 2-farbigen Kunststoff ø 50 x 3 gefräst werden.
Erstellen Sie das CNC-Programm nach DIN PAL für eine Frästiefe von 0,5 mm.
Verwenden Sie die Werkzeuge S. 109.
Programm Nr. %10

Anbohren und Senken in einem Arbeitsgang

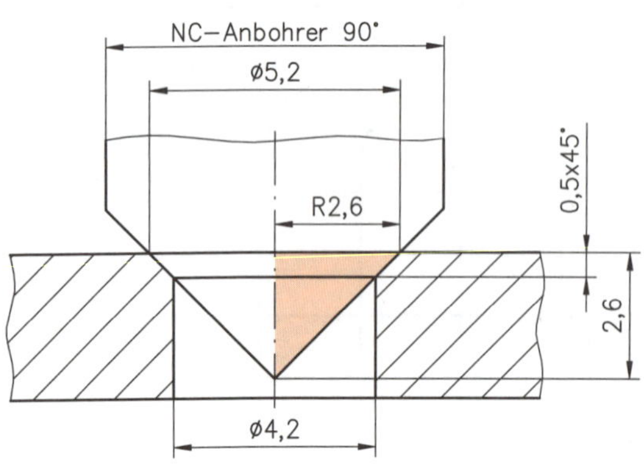

② Die nebenstehende Zeichnung beinhaltet folgende Vorgaben:
Bohrung ø 4,2
Senkung 0,5 x 45°
Welche Arbeitsschritte sind dazu erforderlich?

1. ______________________________

____

____

2. ______________________________

____

3. ______________________________

____

Programm-Nr.: ________

N	G	X	Y	Z	I	J	T	F	S	M
N1										
N2										
N3										
N4										
N5										
N6										
N7										
N8										
N9										
N10										
N11										
N12										
N13										
N14										
N15										
N16										
N17										
N18										
N19										
N20										
N21										
N22										
N23										
N24										
N25										
N26										
N27										
N28										
N29										
N30										
N31										
N32										
N33										
N34										
N35										
N36										
N37										
N38										
N39										
N40										
N41										
N42										

E Werkzeugbahnkorrektur nach DIN PAL

Beim Fräsen von Außen- und Innenkonturen kann die fertige Werkstückform programmiert werden. Dazu wird die Fräserradiuskorrektur G41 oder G42 verwendet. Das Werkzeug bewegt sich dann im Abstand *R* um die programmierte Kontur, Äquidistante genannt. Das An- und Abfahren kann linear tangential G45/G46 oder tangential im Viertelkreis G47/G48 erfolgen. Gelöscht wird die Fräserradiuskorrektur mit G40.

① Geben Sie die G-Funktionen für den Aufruf der Bahnkorrektur in diesem Beispiel an. Das Anfahren und Wegfahren soll linear tangential erfolgen.

② Zeichnen Sie die Verfahrwege und die Äquidistante (Fräsermittelpunktsbahn) in die Zeichnung ein. Das Werkzeug wird bei P0 positioniert und hat den ersten Konturpunkt bei P1.

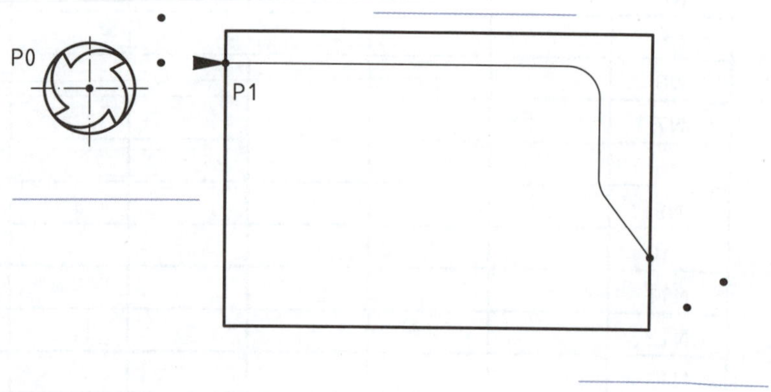

③ Geben Sie auch bei dieser Aufgabe die G-Funktionen der Bahnkorrektur an. Das Anfahren und Wegfahren erfolgt hier im Viertelkreis. Zeichnen Sie die Verfahrwege und die Äquidistante ein.

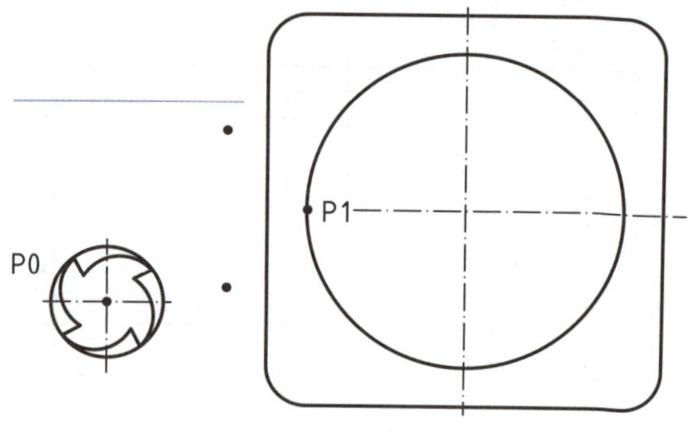

F Programmierübung mit Werkzeugbahnkorrektur

Die Kontur des Werkstücks aus S235JR soll mit Bahnkorrektur im Gleichlauf gefräst werden.

① Zeichnen Sie den Werkstück-Nullpunkt in die Zeichnung ein.

② Tragen Sie die Koordinaten XYZ und IJK in die Zeichnung ein.

③ Verwenden Sie den geeigneten Fräser von S. 109 und berechnen Sie Drehzahl und Vorschub.

④ Erstellen Sie das CNC-Programm nach DIN PAL mit dem ersten Konturpunkt bei P1.

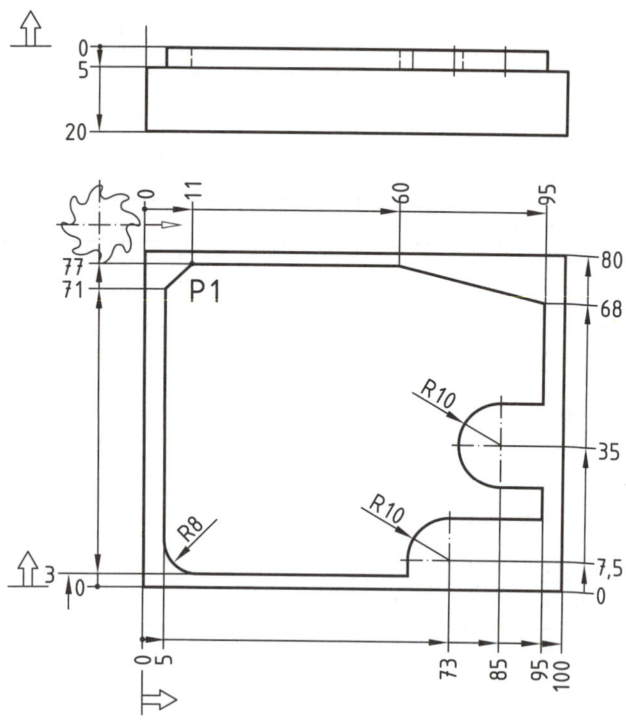

Programm-Nr.: % 20

N	G	X	Y	Z	I	J	T	F	S	M
N1										
N2										
N3										
N4										
N5										
N6										
N7										
N8										
N9										
N10										
N11										
N12										
N13										
N14										
N15										
N16										
N17										
N18										
N19										
N20										
N21										
N22										
N23										

G Werkzeugspeicher

Die Korrekturwerte der Werkzeuge für Länge und Radius werden im Werkzeugspeicher abgelegt. In diesem Beispiel wird T2 als Nullwerkzeug gewählt.
Tragen Sie die Korrekturwerte dazu in die Tabelle ein.

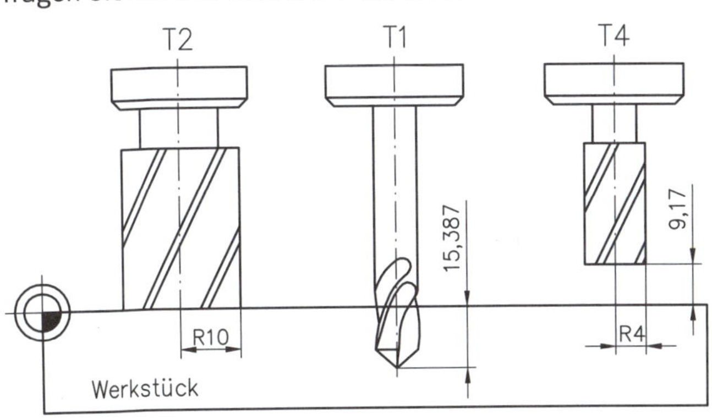

T2	R	L
T1	R	L
T4	R	L

Das Werkstück auf S. 98 soll auf einer CNC-Fräsmaschine hergestellt werden. Bearbeiten Sie die Lernsituation und erstellen Sie das CNC-Programm nach DIN PAL. Verwenden Sie eine geeignete Simulationssoftware. Wenn möglich, übersetzen Sie das Programm für eine vorhandene Maschinensteuerung und fertigen das Werkstück. Gehen Sie bei der Planung von einer Fertigungszahl von 100 Stück aus.

Informieren/orientieren Sie sich, indem Sie ...
- sich mit der Zeichnung vertraut machen,
- sich mit dem Werkstoff beschäftigen,
- sich einen Überblick über die vorhandene Programmiersoftware verschaffen,
- sich über die Programmierung von Zyklen informieren.

Planen/entscheiden Sie, indem Sie ...
- fehlende Maße berechnen,
- den Werkstück-Nullpunkt auswählen,
- einen Arbeitsplan erstellen,
- Werkzeuge auswählen,
- Schnittdaten auswählen und berechnen,
- das Einspannen des Werkstücks überlegen,
- den Startpunkt für die Außen- und Innenkontur festlegen,
- die Fräsrichtung bestimmen.

Führen Sie den Auftrag aus, indem Sie ...
- das CNC-Programm erstellen,
- das Programm mit Kommentaren erläutern,
- das Programm in die Programmiersoftware eingeben,
- das Programm simulieren,
- das Programm für eine vorhandene Maschinensteuerung übersetzen.

Kontrollieren Sie, indem Sie ...
- das Programm testen,
- mögliche Fehler korrigieren,
- Verbesserungen überlegen,
- das Programm optimieren.

Bewerten und dokumentieren/präsentieren Sie, indem Sie ...
- die gesamte Fertigung kritisch überprüfen,
- das ursprüngliche und das optimierte Programm vergleichen,
- die Ergebnisse mit anderen Schülern austauschen,
- die CNC-Fertigung mit der Fertigung auf einer konventionellen Fräsmaschine vergleichen.

Information

Programmieren mit Zyklen

Das Programmieren mit Zyklen vereinfacht die Programmerstellung. Für ausgewählte Formen sind festgelegte Abläufe von Einzelschritten in Zyklen definiert. Für die Ausführung eines Zyklus sind in der Regel drei bis vier Sätze notwendig:

a) Technologische Daten des Werkzeugs bestimmen.
b) Zyklus-Definition (z. B. Beschreibung der Tasche G72, Bohrung G81 oder Nut G74).
c) Zyklus-Aufruf (z. B. auf einem Punkt G79, auf einer Geraden G76, auf einem Teilkreis G77).
d) Freifahren zum Werkzeugwechsel.

Erstellen Sie das CNC-Programm nach DIN PAL für das abgebildete Werkstück aus S235JR. Programmieren Sie Fräs- und Bohrzyklen und ergänzen Sie den jeweiligen Satz mit einem Kommentar. Die Bohrungen sind nur anzubohren. Verwenden Sie die Werkzeuge von S. 109.

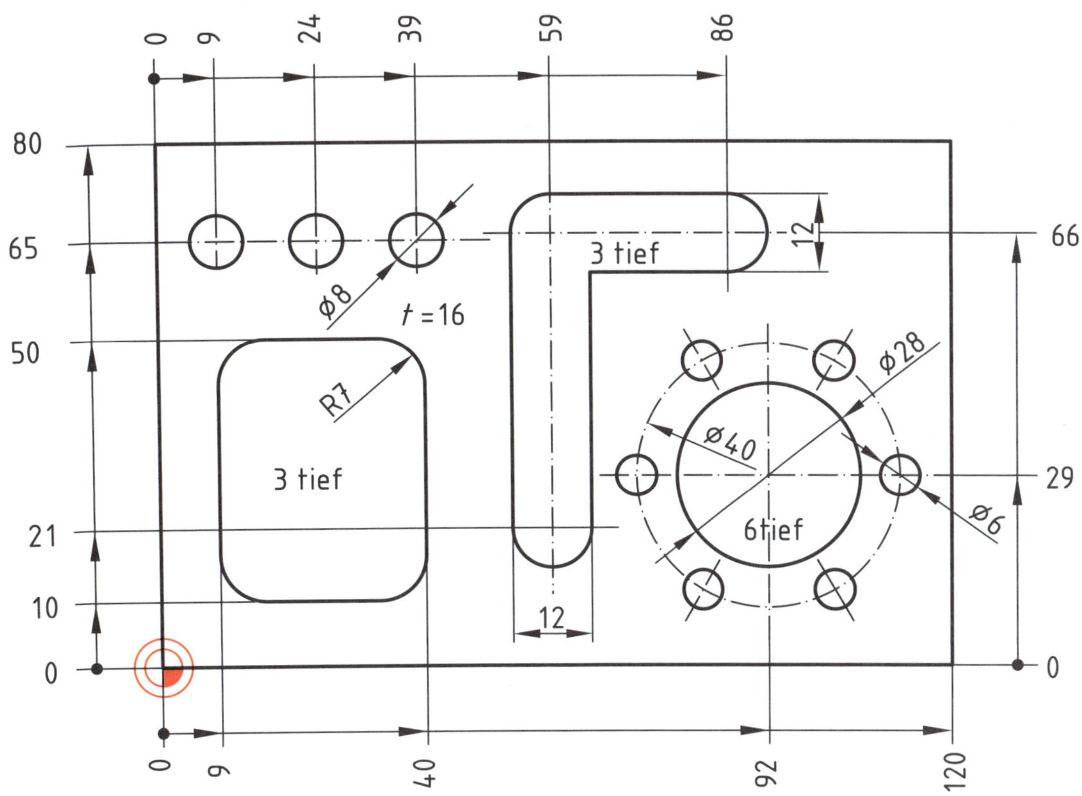

Zyklen

N	CNC-Programm	Kommentar
N1		Nullpunktverschiebung
N2		Technolog. Daten Langlochfräser ø10
N3		Zyklus Rechtecktasche
N4		Zyklusaufruf auf einem Punkt
N5		
N6		
N7		
N8		
N9		
N10		
N11		
N12		
N13		
N14		
N15		
N16		
N17		
N18		

Planung

Das abgebildete Frästeil soll aus AlCuMgPb hergestellt werden. Die Maße des Werkstücks betragen 100 x 80 x 16. Bestimmen Sie den Werkstück-Nullpunkt und zeichnen Sie das Symbol in die Zeichnung ein.

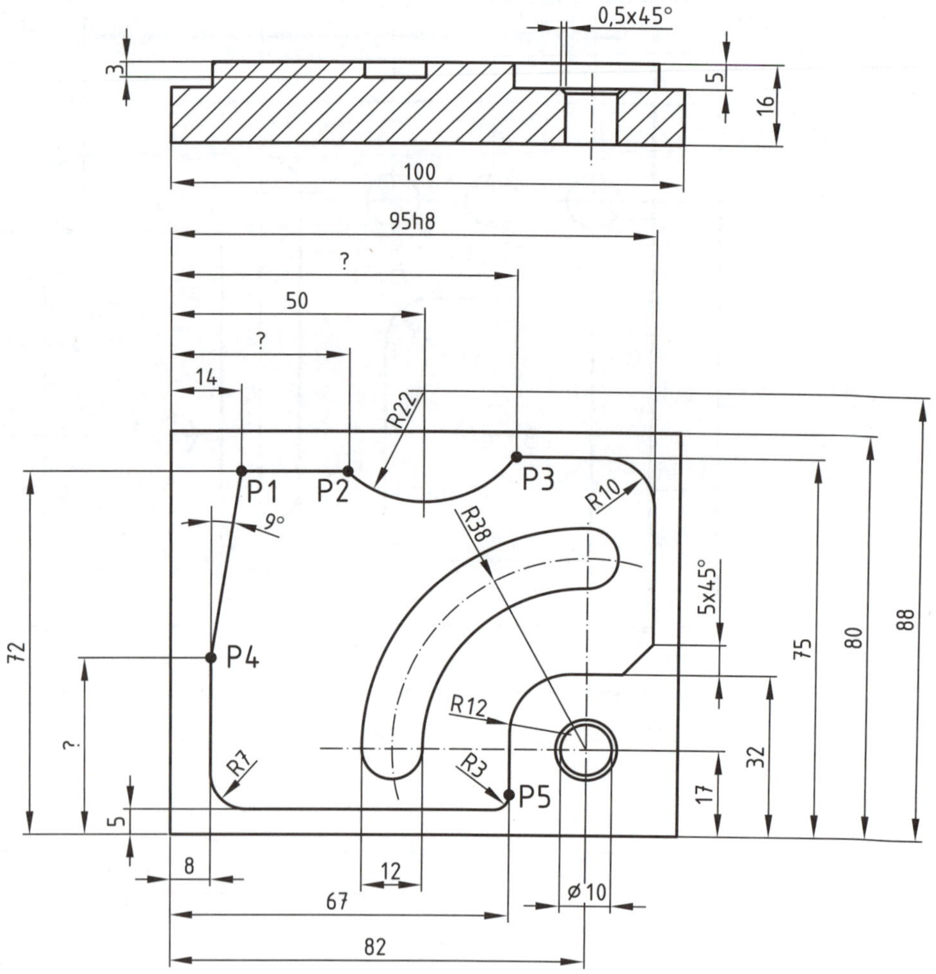

A Konturpunktberechnung

① Berechnen Sie die Konturpunkte P2, P3 und P4.

P2	P3	P4

② Berechnen Sie das Programmiermaß für das Passmaß 95h8.

B Arbeitsplan mit Schnittdaten

① Bestimmen Sie die Arbeitsfolge und wählen Sie die zu verwendenden Werkzeuge aus (siehe S. 109).

② Berechnen Sie Drehzahl und Vorschub der ausgewählten Werkzeuge.

Arbeitsplan

Nr.	Arbeitsfolge	Werkzeug	Drehzahl	Vorschub
1				
2				
3				
4				
5				
6				
7				
8				
9				
10				
11				

③ Was muss beim Eintauchen des Langlochfräsers beachtet werden?

C Einspannen

① Für welche Spannungsart entscheiden Sie sich und welche Hilfsmittel sind dazu erforderlich?

② Welche Regeln sind beim Spannen des Werkstücks zu beachten?

D Planung der Programmierung

① Welches Fräsverfahren bevorzugen Sie und warum?

② Bestimmen Sie einen Startpunkt für die Außen- und die Innenkontur und begründen Sie Ihre Auswahl.

Außenkontur bei: ____________ Innenkontur (Nut) bei: ____________

Begründung: ____________

Ausführung

① Erstellen Sie das CNC-Programm nach DIN PAL mit Geraden- und Kreisinterpolation **ohne Verwendung von Zyklen** und ergänzen Sie das Programm durch einen Kommentar, der den jeweiligen Satz erläutert.

N	G	X	Y T	Z F	I S	J M	Kommentar
N1							
N2							
N3							
N4							
N5							
N6							
N7							
N8							
N9							
N10							
N11							
N12							
N13							
N14							
N15							
N16							
N17							
N18							
N19							
N20							
N21							
N22							
N23							
N24							
N25							
N26							
N27							
N28							
N29							
N30							
N31							
N32							
N33							
N34							
N35							
N36							
N37							
N38							
N39							
N40							
N41							
N42							
N43							
N44							
N45							

Kontrolle

① Simulieren Sie das Programm und vergleichen Sie das Werkstück mit der Zeichnung.

② Notieren Sie die Fertigungszeit: ____________

③ Überlegen Sie Möglichkeiten, das Programm zu optimieren.
Vorschläge:

____

____

____

____

____

____

____

④ Optimieren Sie das Programm, indem Sie einige Ihrer Vorschläge berücksichtigen.

N	G	X	Y T	Z F	I S	J M				Kommentar
N1										
N2										
N3										
N4										
N5										
N6										
N7										
N8										
N9										
N10										
N11										
N12										
N13										
N14										
N15										
N16										
N17										
N18										
N19										
N20										
N21										
N22										
N23										
N24										
N25										
N26										
N27										
N28										
N29										
N30										
N31										

Bewertung

① Simulieren Sie das optimierte Programm und prüfen Sie den Fertigungsablauf.

② Vergleichen Sie den Programmieraufwand von beiden Programmen.

Ergebnis: ______________________________

____

③ Notieren Sie die Fertigungszeiten und berechnen Sie die Zeitersparnis für die Fertigungszeit in Prozent.

Fertigungszeit vorher (vgl. Kontrolle (2)): ____________

Fertigungszeit optimiert: ____________

Zeitersparnis in Sekunden: ____________

Zeitersparnis in Prozent:

____

____

____

____

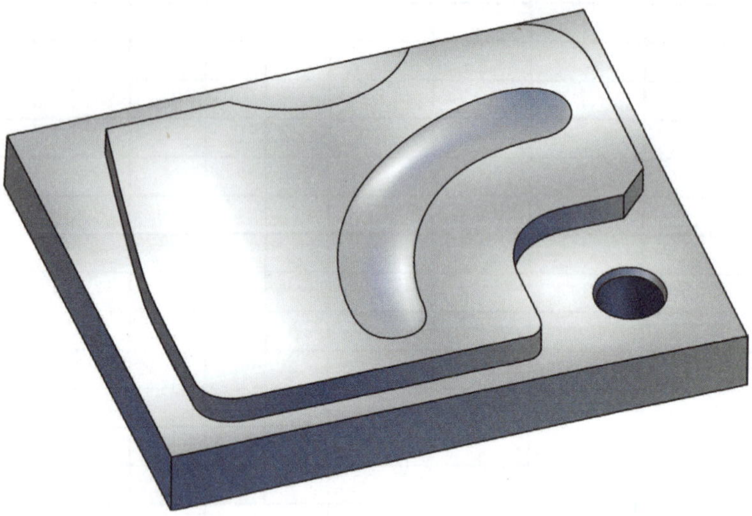

In den Zeichnungen S. 103 und 104 sind Rückseite und Vorderseite der Uhr dargestellt und die Aufgaben beschrieben. Im Fachhandel ist dazu ein passendes Uhrwerk erhältlich.

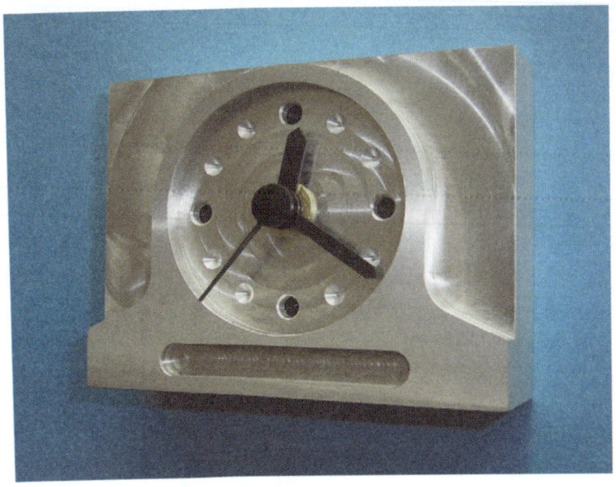

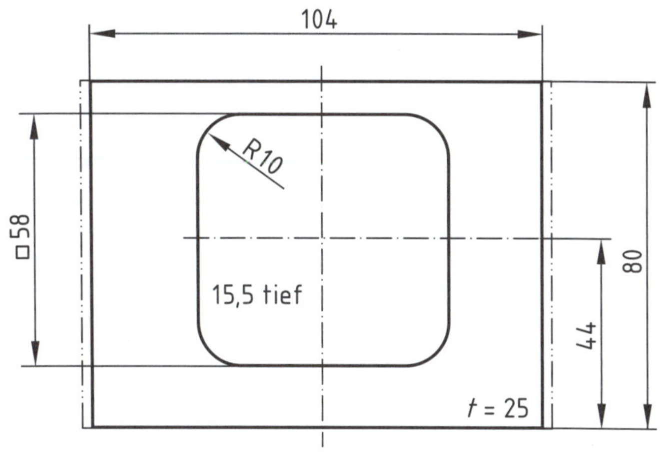

Vom Projekt Uhr soll zuerst die Rückseite gefertigt werden. Das Rohteil aus AlMg-Legierung misst 80 x 25 mm und ist auf die Länge von 107 mm gesägt.
Das Werkstück soll möglichst in einer Aufspannung auf die Länge von 104 mm beidseitig gefräst werden und eine Rechtecktasche erhalten.

Der Schraubstock darf eine maximale Backenbreite von 100 mm haben.

① Zeichnen Sie den Werkstück-Nullpunkt ein.

② Wählen Sie entsprechende Werkzeuge (vgl. S. 109) und berechnen Sie Drehzahl und Vorschub.

③ Erstellen Sie das CNC-Programm nach DIN PAL.

CNC-Programm Rückseite Uhr

N	G	X	Y	Z	T	F	S	M		
N1										
N2										
N3										
N4										
N5										
N6										
N7										
N8										
N9										
N10										
N11										
N12										
N13										
N14										
N15										
N16										
N17										
N18										
N19										
N20										
N21										

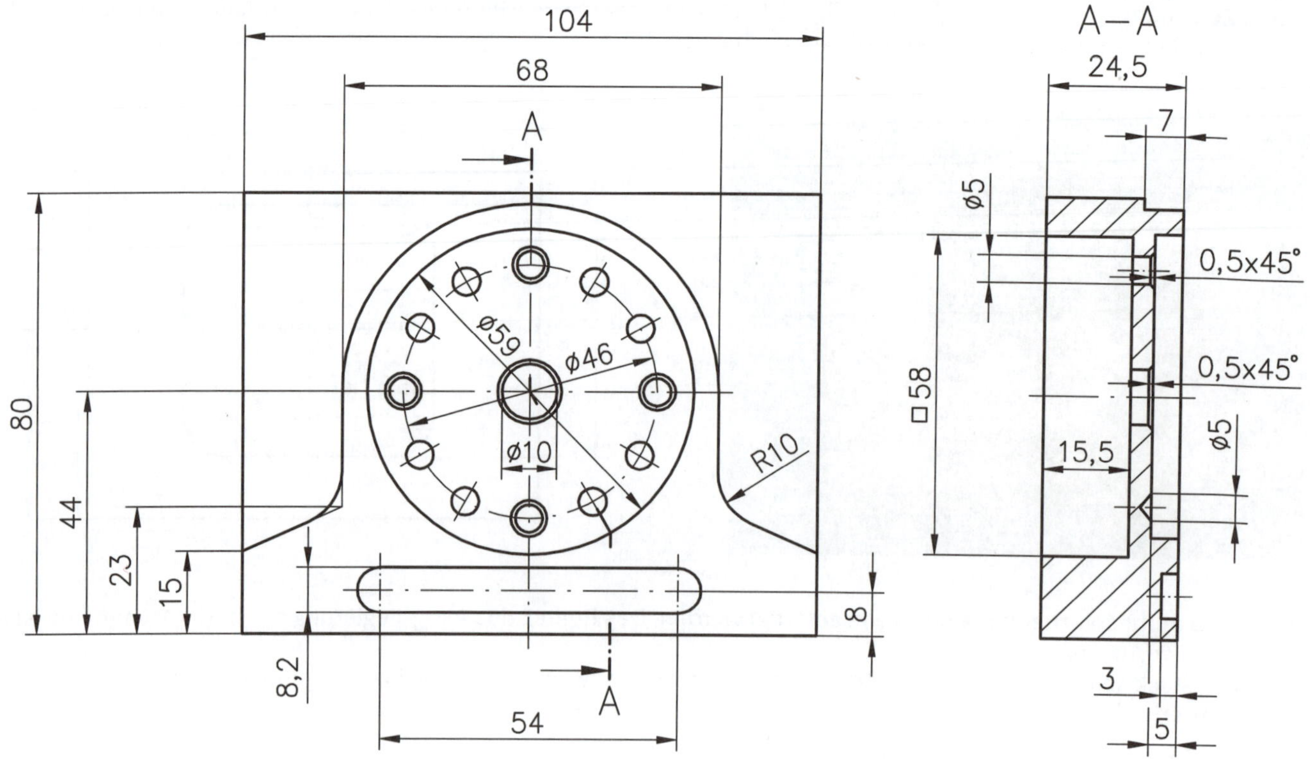

Nach dem Fräsen der Länge und der Rechtecktasche wird das Werkstück umgespannt und die Vorderseite gefertigt.

④ Zeichnen Sie den Werkstück-Nullpunkt ein.
⑤ Schreiben Sie den Arbeitsplan.
⑥ Wählen Sie entsprechende Werkzeuge (vgl. S. 109) und berechnen Sie Drehzahl und Vorschub.
⑦ Erstellen Sie das CNC-Programm nach DIN PAL.

Arbeitsplan Vorderseite Uhr

Nr.	Arbeitsfolge	Werkzeuge
1		
2		
3		
4		
5		
6		
7		
8		
9		
10		
11		
12		
13		
14		
15		
16		

CNC-Programm Vorderseite Uhr

N	G	X	Y	Z	I	J	T	F	S	M
N1										
N2										
N3										
N4										
N5										
N6										
N7										
N8										
N9										
N10										
N11										
N12										
N13										
N14										
N15										
N16										
N17										
N18										
N19										
N20										
N21										
N22										
N23										
N24										
N25										
N26										
N27										
N28										
N29										
N30										
N31										
N32										
N33										
N34										
N35										
N36										
N37										
N38										
N39										
N40										
N41										
N42										
N43										
N44										
N45										
N46										
N47										
N48										
N49										

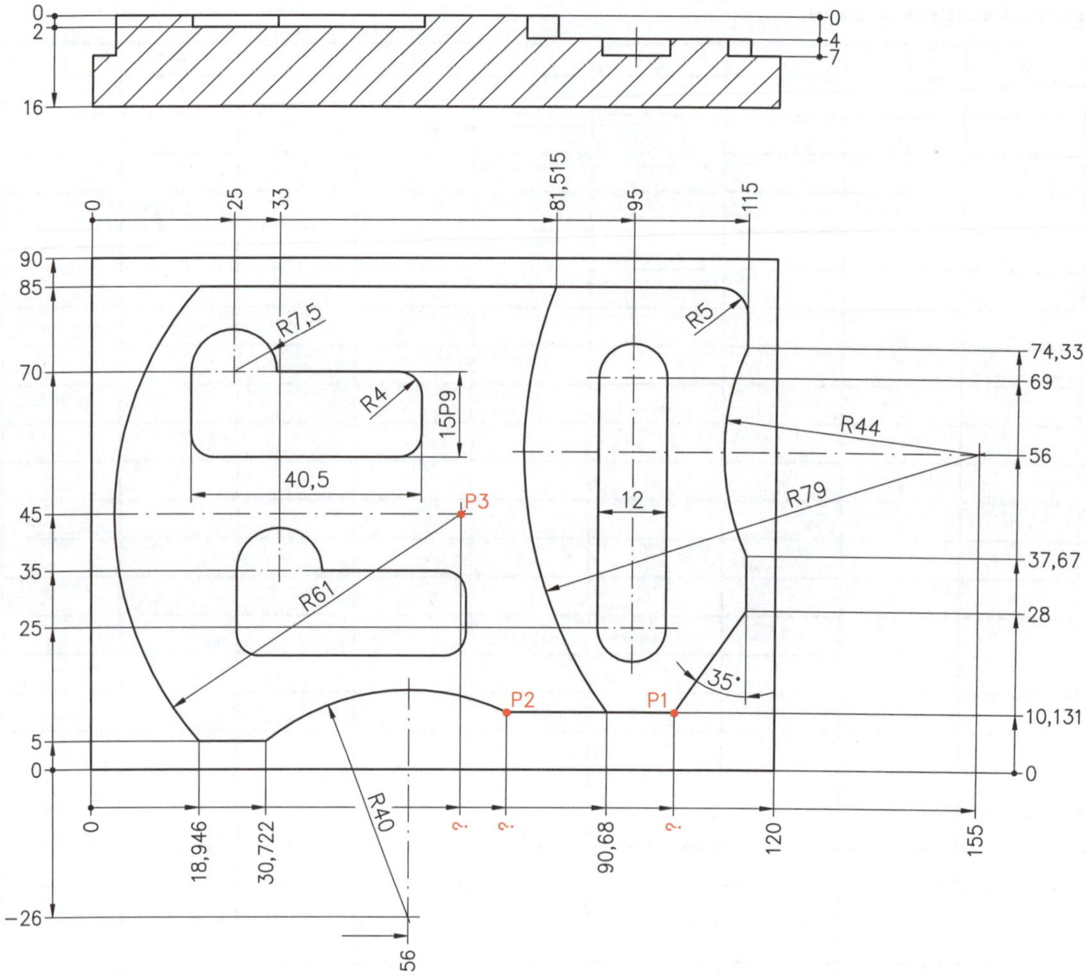

Das abgebildete Werkstück aus S235JR soll auf einer CNC-Fräsmaschine im Gleichlauf gefräst werden.

① Berechnen Sie die fehlenden X-Koordinaten von P1, P2 und P3 (Eintrag auf S. 107 oben).
② Ermitteln Sie das zu programmierende Maß für das Passmaß 15P9 (Eintrag auf S. 107 oben).
③ Schreiben Sie den Arbeitsplan (Tabelle dazu S. 108).
④ Zeichnen Sie den Werkstück-Nullpunkt ein.
⑤ Erstellen Sie nach DIN PAL S. 107 das CNC-Hauptprogramm %50 und für die Formtaschen ein Unterprogramm L10 (S. 108).
Der Startpunkt soll bei P1 liegen.
Der Werkzeugwechsel soll bei Z100, X150 und Y-50 erfolgen.
⑥ Erläutern Sie den Aufruf und den Aufbau eines Unterprogramms.

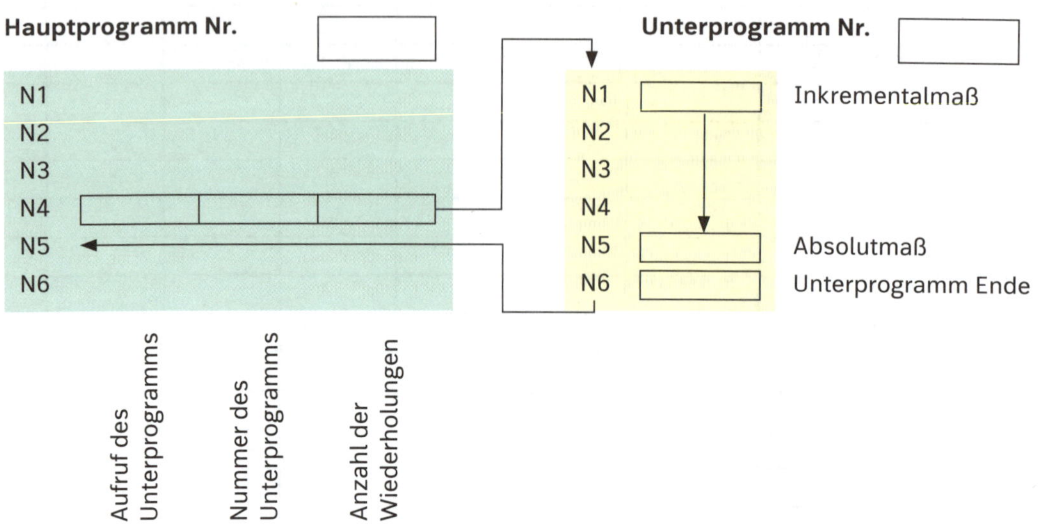

P1 X = ____________________

P2 X = ____________________

P3 X = ____________________

15P9 = ____________________

Programm-Nr.: ________

N	G	X	Y	Z	I	J	T	F	S	M
N1										
N2										
N3										
N4										
N5										
N6										
N7										
N8										
N9										
N10										
N11										
N12										
N13										
N14										
N15										
N16										
N17										
N18										
N19										
N20										
N21										
N22										
N23										
N24										
N25										
N26										
N27										
N28										
N29										
N30										
N31										
N32										
N33										
N34										

L10 (Unterprogramm)

N	G	X	Y	Z	I	J	T	F	S	M
N1										
N2										
N3										
N4										
N5										
N6										
N7										
N8										
N9										
N10										
N11										
N12										
N13										
N14										
N15										

Arbeitsplan

Nr.	Arbeitsfolge	Werkzeug
1		
2		
3		
4		
5		
6		
7		
8		
9		
10		
11		

A Technologische Daten

Werkzeug-Nr.	T1	T2	T3	T4	T5	T6
Benennung	NC-Anbohrer	Schaftfräser	Schaftfräser	Schaftfräser	Walzenstirnfr.	Langlochfr.
Durchmesser	12 mm	20 mm	18 mm	8 mm	100 mm	20 mm
Schneidstoff	HSS	HSS	HSS	HSS	HSS	HSS
Schnittgesch. S235JR	30 m/min	35 m/min	35 m/min	35 m/min	35 m/min	35 m/min
AlMg...	70 m/min	100 m/min	100 m/min	100 m/min	100 m/min	100 m/min
Schnitttiefe a_p max.		8 mm	8 mm	2,5 mm		3 mm
Anzahl der Schneiden		5/3	5/3	4/3	8/4	3
Vorschub	0,18 mm/U	0,05 mm/Z	0,05 mm/Z	0,05 mm/Z	0,05 mm/Z	0,05 mm/Z

Technologische Daten

Werkzeug-Nr.	T7	T8	T9	T10	T11	T12
Benennung	Langlochfr.	Langlochfr.	Langlochfr.	Spiralbohrer	Spiralbohrer	Spiralbohrer
Durchmesser	10 mm	6 mm	3 mm	10 mm	5 mm	4,2 mm
Schneidstoff	HSS	HSS	HSS	HSS	HSS	HSS
Schnittgesch. S235JR	35 m/min	35 m/min	35 m/min	30 m/min	30 m/min	30 m/min
AlMg...	100 m/min	100 m/min	100 m/min	70 m/min	70 m/min	70 m/min
Schnitttiefe a_p max.	3 mm	2,5 mm	1,5 mm			
Anzahl der Schneiden	2	2	2			
Vorschub	0,04 mm/Z	0,02 mm/Z	0,01 mm/Z	0,20 mm/U	0,12 mm/U	0,10 mm/U

Die maximale Drehzahl der Maschine beträgt 4 000 U/min.

B Formeln zur Berechnung von Drehzahl und Vorschubgeschwindigkeit

Tragen Sie die Formeln für die Schnittdaten in die Kästchen ein und erläutern Sie die Formelzeichen.

Schnittgeschwindigkeit

Drehzahl

Vorschubgeschwindigkeit beim Fräsen

v_c ________

d ________

n ________

v_f ________

f_z ________

z ________

A Übungen mit Koordinaten

Tragen Sie die Koordinatenpunkte entsprechend dem Werkstück-Nullpunkt in die Tabelle ein. Beachten Sie dabei, dass die X-Koordinate immer im Durchmesser angegeben wird.

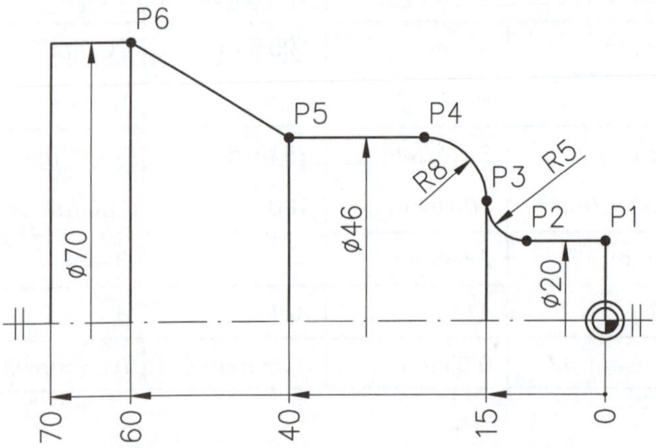

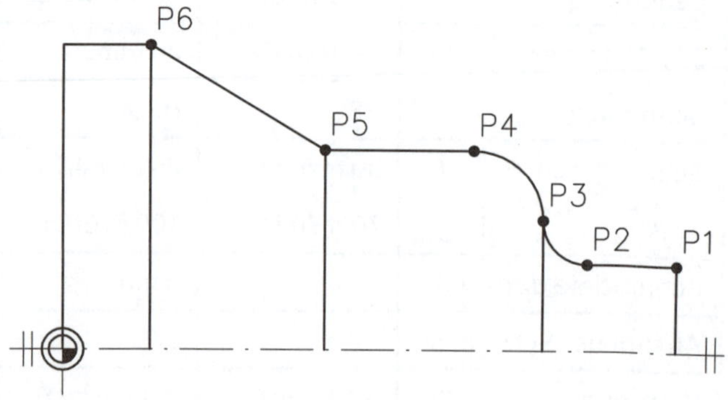

	G	X	Z	I	K
P1					
P2					
P3					
P4					
P5					
P6					

	G	X	Z	I	K
P1					
P2					
P3					
P4					
P5					
P6					

B Werkzeuge und Schnittdaten

Technologische Daten für Stähle mit niedriger Festigkeit

Richtwerte

Werkzeugnummer	**T1**	**T2**	**T3**	**T4**
Benennung	Drehmeißel Außen-Schrupp	Drehmeißel Außen-Schlicht	Drehmeißel Innen-Schrupp	Drehmeißel Innen-Schlicht
Plattenwinkel	80°	55°	80°	55°
Schneidenradius	0,8 mm	0,4 mm	0,8 mm	0,4 mm
Schnittgeschw. v_c	200 m/min	250 m/min	180 m/min	200 m/min
Schnitttiefe a_p max	5 mm	0,5 mm	3 mm	0,5 mm
Vorschub	0,3 mm/0,6 mm	0,1 mm/0,2 mm	0,2 mm/0,4 mm	0,1 mm/0,2 mm

Werkzeugnummer	**T5**	**T6**	**T7**	**T8**
Benennung	Vollbohrer	Gewindedrehmeißel außen rechts	Stechmeißel außen links	Stechmeißel innen links
Maße	ø 25 mm	P 1,5 mm	3 mm	2 mm
Schnittgeschw. v_c	160 m/min	100 m/min	120 m/min	120 m/min
Vorschub	0,14 mm		0,1 mm	0,1 mm

Die maximale Drehzahl des Futters beträgt 5000 1/min.

C Nullpunktverschiebung

Die absolute Nullpunktverschiebung wird mit G54 bis G57 in die Steuerung eingegeben, sie wird mit G53 aufgehoben. Außerdem gibt es die inkrementale Nullpunktverschiebung und Drehung mit G58 und G59, gelöscht werden diese mit G50.

① Zeichnen Sie den Maschinen-Nullpunkt und den Werkstück-Nullpunkt in die Zeichnung ein.

② Zeichnen Sie die absolute Nullpunktverschiebung G54 in die Zeichnung ein.

③ Welchen Zahlenwert hat die Nullpunktverschiebung im abgebildeten Beispiel?

X: ______ Z: ______

④ Welchen Vorteil bietet die Nullpunktverschiebung?

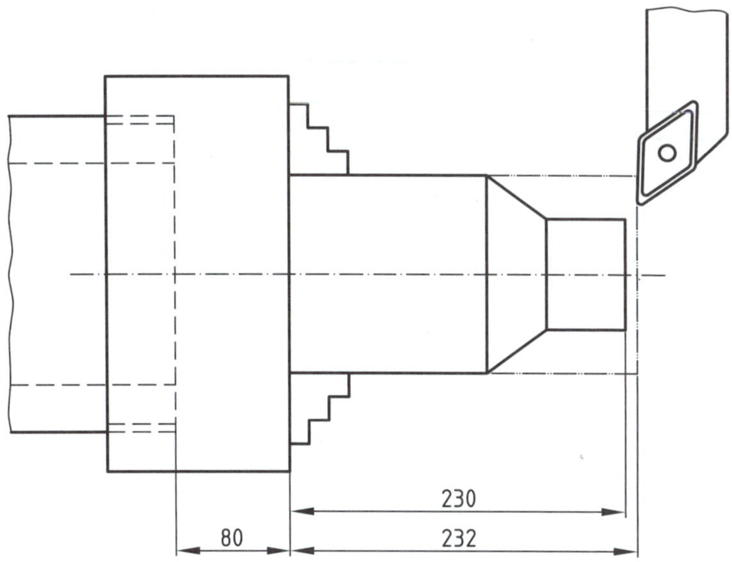

⑤ Beschreiben Sie, wie der Steuerung die Nullpunktverschiebung für die oben abgebildete Aufgabe eingegeben wird.

D G-Funktionen

Beim CNC-Drehen gelten die gleichen G- und M-Funktionen wie beim CNC-Fräsen. Zusätzlich gibt es Funktionen, die fast ausschließlich beim Drehen Anwendung finden.
Erläutern Sie folgende Funktionen nach DIN PAL:

G92 ______

G94 ______

G95 ______

G96 ______

G97 ______

G14 ______

E Mittemaß Programmierung

In der Fertigung ist das Ziel Werkstücke nicht auf das Nennmaß zu fertigen, sondern immer auf Mitte Toleranz herzustellen.

Geben Sie bei den folgenden tolerierten Maßen das Programmiermaß (Mittenmaß) an.

Maßeintragung in der Zeichnung	Programmiermaß
22 +0,1/–0,1	
27 +0,2/–0,1	
48 –0,3	
18 n5	
52 h9	

F Programmierübung mit Abspanzyklus

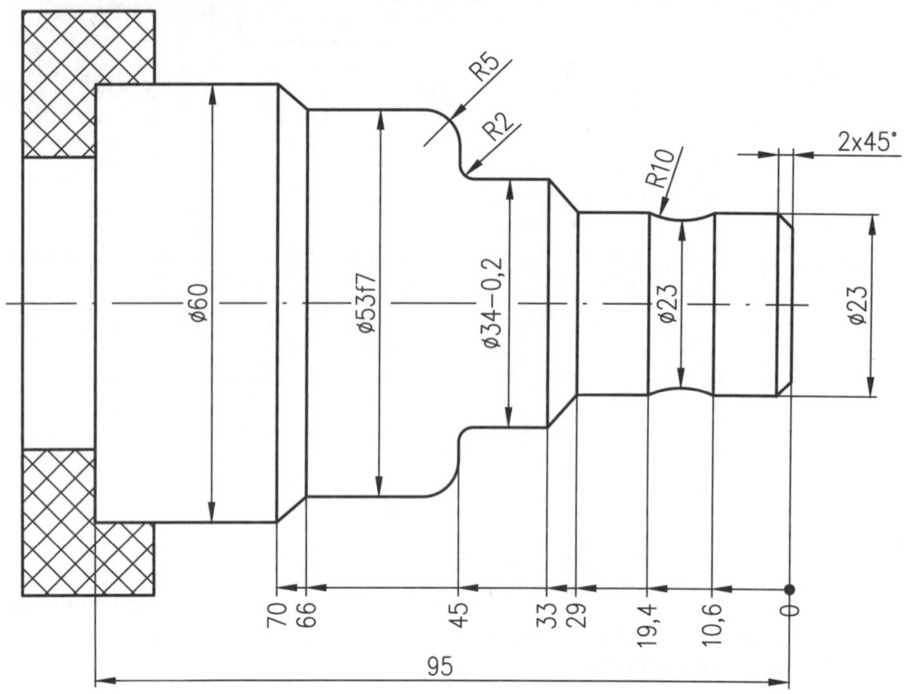

Zentrierbolzen

Das abgebildete Werkstück aus C45 soll auf einer CNC-Drehmaschine gefertigt werden. Das Rohmaß beträgt ø 60 x 96. Die linke Planfläche ist bereits bearbeitet. Das Vordrehen soll im Abspanzyklus mit einer Schnitttiefe von 2,5 mm und einem Aufmaß von 0,5 mm am Durchmesser und 0,1 mm an den Planflächen erfolgen. Die maximale Drehzahl soll auf 2500 1/min begrenzt werden.

① Zeichnen Sie den Werkstück-Nullpunkt ein.

② Wählen Sie die geeigneten Werkzeuge und Schnittdaten (vgl. S. 110).

③ Erstellen Sie das CNC-Programm nach DIN PAL mit entsprechendem Kommentar.

Arbeitsschritte:

	Drehmeißel	Schnittgeschwindigkeit	Vorschub
Plandrehen			
Vordrehen			
Fertigdrehen			

CNC-Programm Zentrierbolzen

N	G	X	Z	T	F	S	M				Kommentar
N1											
N2											
N3											
N4											
N5											
N6											
N7											
N8											
N9											
N10											
N11											
N12											
N13											
N14											
N15											
N16											
N17											
N18											
N19											
N20											
N21											
N22											
N23											
N24											
N25											
N26											
N27											

G Schneidenradiuskorrektur

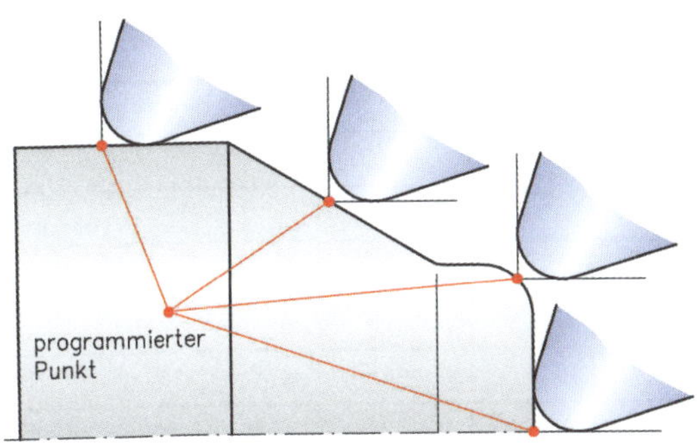

Beim CNC-Drehen wird die theoretische Meißelspitze programmiert, obwohl stets ein Schneidenradius zwischen 0,4 und 1,6 mm vorhanden ist. Daher ergeben sich

Ungenaugkeiten beim ____________________ und

beim Drehen von ____________________ (siehe Skizze).

Beim Längs- und Plandrehen entsteht dieser Fehler nicht.

Allerdings muss beim Plandrehen ____________________

zugestellt werden, damit kein Zapfen stehen bleibt.

Durch ____ gleicht die Steuerung diese Ungenauigkeiten aus.

Dazu ist der Aufruf G41: ____________________ oder G42: ____________________

erforderlich. Außerdem muss im Werkzeugspeicher der Schneidenradius eingegeben werden.

Gelöscht wird die Schneidenradiuskorrektur mit ____________ .

H Programmierübung mit Gewinde

Der **Achsbolzen** soll aus 37Cr4 gefertigt werden. Die Abmaße betragen ⌀ 60 x 91. Die linke Planfläche ist bereits bearbeitet. Programmieren Sie das Schruppen im Längsschruppzyklus mit einem Aufmaß von 0,5 mm am Durchmesser und 0,1 mm an den Planflächen. Die Drehzahl soll auf 2500 1 min begrenzt werden.

① Zeichnen Sie den Werkstück-Nullpunkt ein.

② Erstellen Sie das CNC-Programm nach DIN PAL mit Kommentar.
- Programmieren Sie das Schlichten mit Schneidenradiuskorrektur.
- Beim Gewindeschneidzyklus muss die Drehzahl programmiert werden.

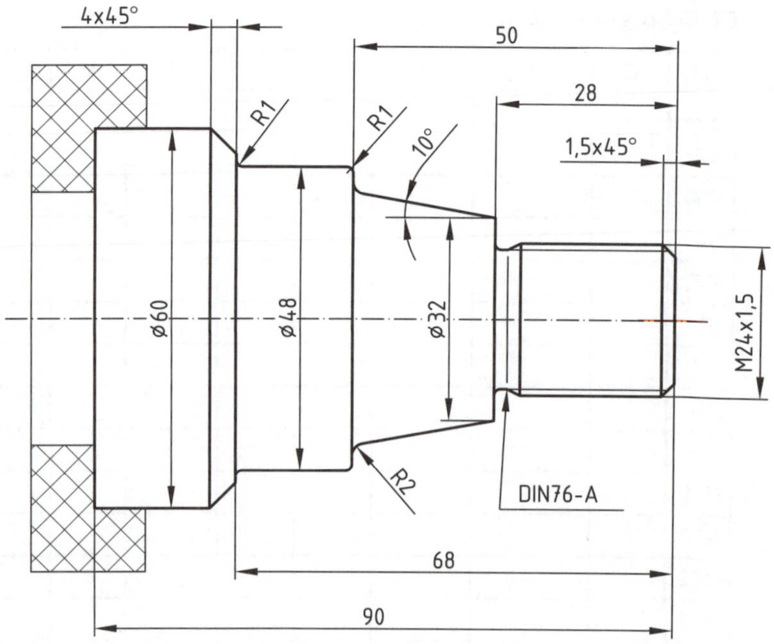

N	G	X	Z	T	F	S	M				Kommentar
N1											
N2											
N3											
N4											
N5											
N6											
N7											
N8											
N9											
N10											
N11											
N12											
N13											
N14											
N15											
N16											
N17											
N18											
N19											
N20											
N21											
N22											
N23											
N24											
N25											
N26											
N27											
N28											
N29											
N30											

I Programmierübung mit Rundungen

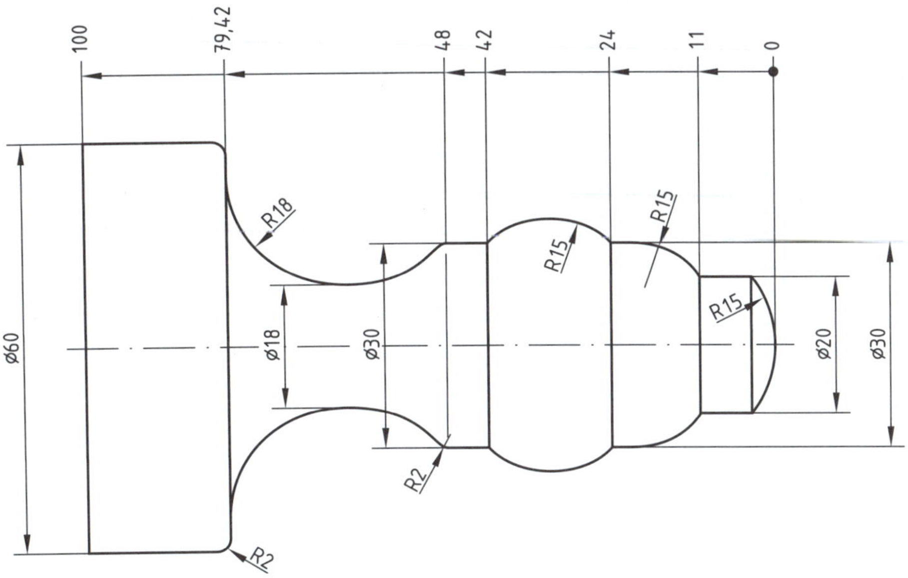

Anschlagrolle

Die oben gezeichnete Anschlagrolle soll aus Kunststoff (POM) gefertigt werden. Die Rohmaße betragen ⌀ 60 x 101, wobei die linke Planfläche bereits bearbeitet ist.
Die Drehzahl soll auf 2 500 1/min begrenzt werden.
Erstellen Sie das CNC-Programm nach DIN PAL mit einem Längsschruppzyklus und einer Programmteilwiederholung mit Schlichten.
Verwenden Sie den Drehmeißel T2 von S. 110.

N	G	X	Z	I	K	R	T	F	S	M	H	D	AX	AZ
N1														
N2														
N3														
N4														
N5														
N6														
N7														
N8														
N9														
N10														
N11														
N12														
N13														
N14														
N15														
N16														
N17														
N18														
N19														
N20														
N21														
N22														
N23														
N24														
N25														

Das Programmieren von CNC-Maschinen und CNC-Bearbeitungszentren hat sich in den letzten Jahren stark verändert. Früher wurden die CNC-Programme ausschließlich durch Programmierung nach DIN 66025 erstellt. Die DIN-Programmierung hat aber zwei wesentliche Nachteile: Sie ist zeitlich aufwendig und fehleranfällig.
Aus diesem Grund wurden von Maschinenherstellern und Softwarefirmen neue Programme entwickelt, die das Programmieren vereinfachen. Diese Programme werden rechnerunterstützt aus der technischen Zeichnung heraus (= aus der „Geometrie" heraus) entwickelt. Die Kontur wird mit Elementen (Gerade, Schräge, Kreis) grafisch aufgebaut. Ein Geometrieprozessor übernimmt die Berechnung von unbekannten Konturpunkten.
Wenn eine CAD-Zeichnung vorhanden ist, werden die Konturdaten direkt übernommen. Zur Übergabe von CAD-Daten wird als Schnittstelle häufig das Datenformat DXF gewählt.
Die einzelnen Konturzüge müssen durch technologische Parameter, wie z. B. Werkzeug, Drehzahl, Vorschub und Anfahrweg, ergänzt werden.

Bei der grafischen Programmierung an einem externen Programmierplatz ergeben sich folgende Arbeitsgänge:

Geometrie erstellen → Arbeitsplan erstellen → mit Postprozessor NC-Programm schreiben lassen → NC-Programm simulieren → NC-Programm an Maschine senden

(Das Programm kann aber auch direkt an der Maschine mit Arbeitsschrittprogrammierung mit grafischer Unterstützung erstellt werden).

A Formplatte

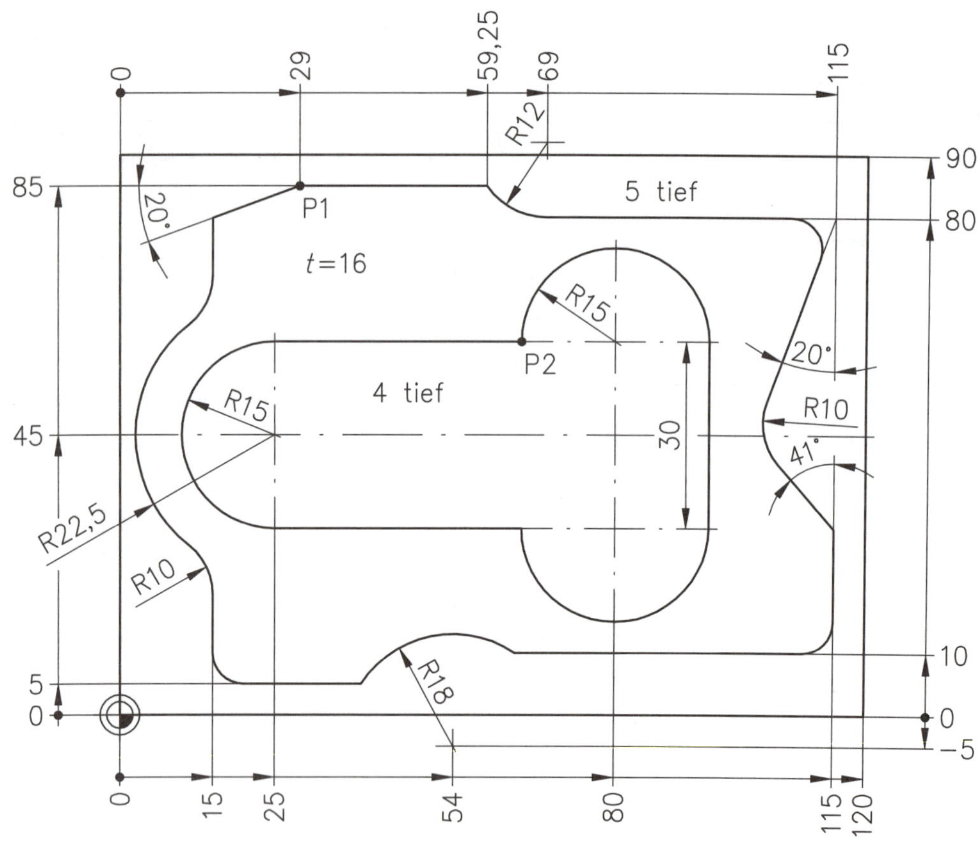

unbemaßte Radien R=5

Erstellen Sie die grafische Kontur für die gezeichnete Formplatte. Wählen Sie als Startpunkt für die Außenkontur P1 und für die Innenkontur P2. Die Rundungen werden am Schluss eingefügt.
Verwenden Sie dazu die abgebildeten Piktogramme. Unbekannte Koordinatenpunkte versehen Sie mit einem Fragezeichen.

Strecke ↔	Strecke ↕	Strecke ↘	Strecke ↗
Bogen ↻	Bogen ↺	Fase	Rundung

Kontur der Formplatte

Neue Datei erstellen — R — X — Y

Erstellen Rohteil

Erstellen Außenkontur — Tiefe

Startpunkt

nicht tangential

Winkel

Winkel

nicht tangential — Mittelp.

nicht tangential — Mittelp.

Winkel

Anschließend werden noch die verlangten Rundungen am Werkstück eingefügt.

Erstellen Innenkontur — R — X — Y — Tiefe

Startpunkt

B Gewindebolzen

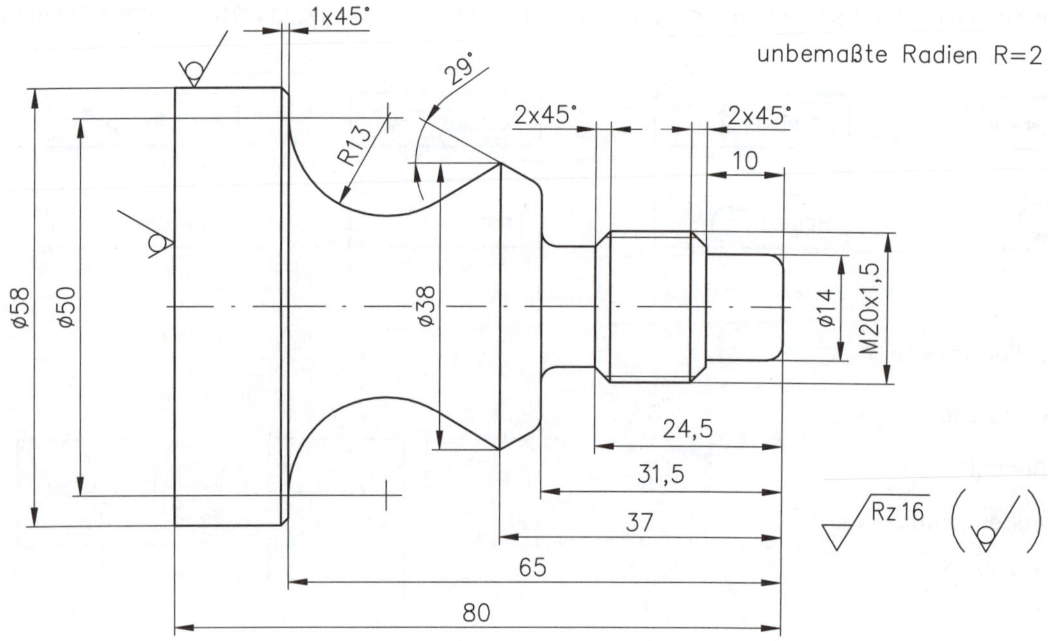

Erstellen Sie die grafische Kontur für den Gewindebolzen oben mit einem vorhandenen grafischen Programm. Verwenden Sie dazu die Piktogramme auf S. 117 oder die Piktogramme Ihres eigenen grafischen Programms. Unbekannte Konturpunkte (Koordinatenpunkte) versehen Sie mit einem Fragezeichen.

Neue Datei erstellen

Erstellen Außenkontur | **R** | **X** | **Z**

Startpunkt | | X 0 | Z 0

tangential

tangential

Winkel

tangential

Mittelpunkt

Fügen Sie anschließend die noch fehlende Rundung am Werkstück ein.

Problemstellung:

Zeitgemäßes Qualitätsmanagement erfordert auch ein effizientes Instandhaltungsmanagement. Dabei schließt ein produzierendes Unternehmen oft mit den Herstellern seiner Maschinen eigene Instandhaltungsverträge.
Welche Bedingungen müssen solche Verträge erfüllen, damit es nicht eventuell später zu juristischen Auseinandersetzungen kommt?

A Instandhaltung

① Was versteht man unter Instandhaltung nach DIN 31051?

② Tragen Sie in die Darstellung die Grundmaßnahmen der Instandhaltung ein.

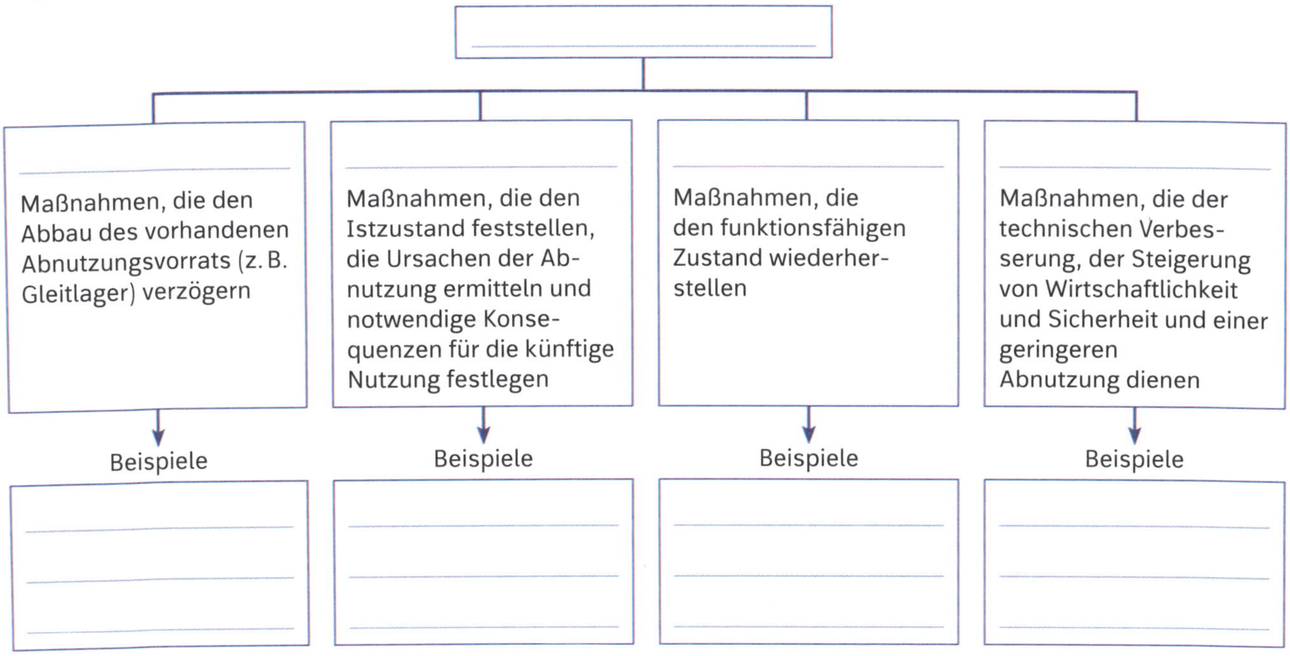

B Ziele der Instandhaltung

① Welche wirtschaftlichen Ziele verfolgt die Instandhaltung?

② Welche humanitären Ziele hat die Instandhaltung?

③ Welche ökologischen Ziele hat die Instandhaltung?

C Abnutzungsvorrat und Verschleiß

① Die Bauteile in technischen Systemen bleiben meist nur eine begrenzte Zeit funktionsfähig.
Was versteht man dabei unter „Abnutzung“ und „Abnutzungsvorrat“?

② Die Kurve stellt einen möglichen Abbau des Abnutzungsvorrats dar.
Benennen Sie die vier gekennzeichneten Punkte bzw. Bereiche ⓐ, ⓑ, ⓒ und ⓓ.

ⓐ:

ⓑ:

ⓒ:

ⓓ:

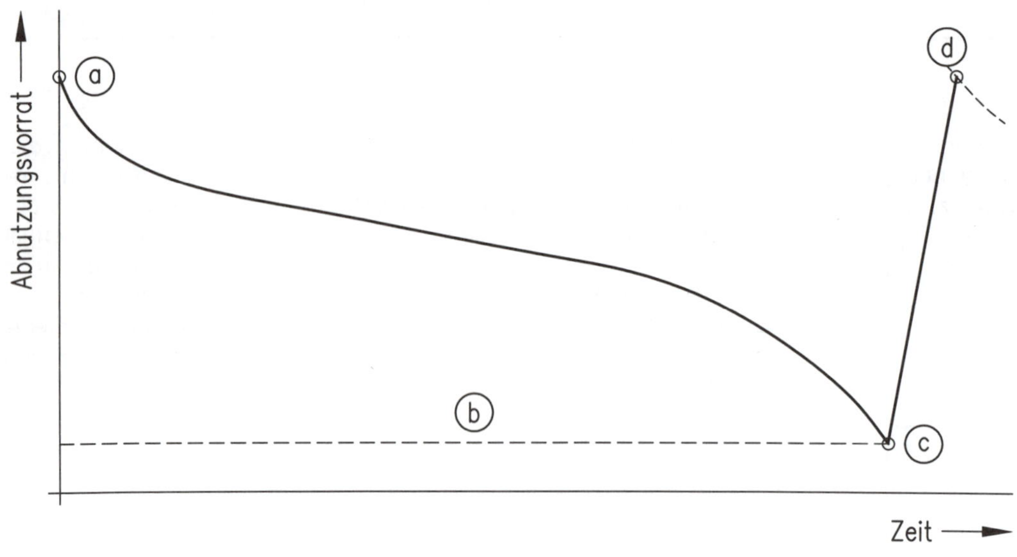

③ Bei der Abnutzung unterscheidet man drei Ursachen: Verschleiß, Alterung, Korrosion.
Erläutern Sie diese Ursachen.

④ Die Abnutzung erfolgt nicht gleichmäßig über die Nutzungsdauer. Erklären Sie anhand der Zeichnung die drei Phasen der Verschleißkurve eines Gleitlagers.

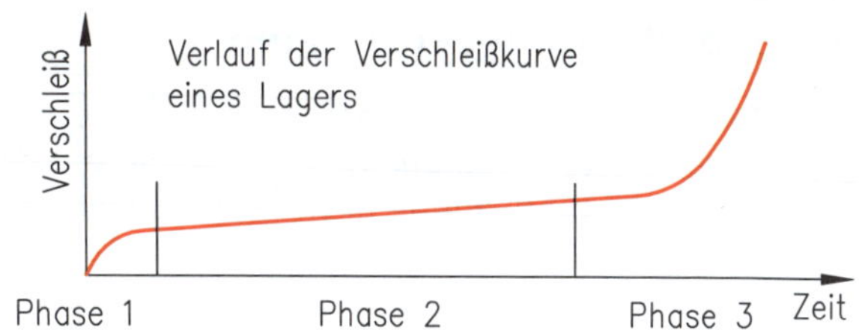

⑤ Bei der Beurteilung von Verschleißerscheinungen kann die Tribologie (Wissenschaft von Reibung, Schmierung und Verschleiß) hilfreich sein. Verschleiß kann durch vier verschiedene Mechanismen entstehen.
Weisen Sie der Beschreibung jeweils die Bezeichnung des Verschleißmechanismus zu und geben Sie mögliche Folgen an.

a) Rauheitsspitzen der aneinander bewegten Teile oder harte Teilchen (Späne, Schleifmittel) dringen in die Oberfläche ein und bewirken eine Zerspanung im Mikrobereich.

b) Die Festkörper berühren sich und stellenweise ist die Haftung so stark, dass bei Bewegung Teilchen der Randschicht abgeschert werden.

c) Wenn z. B. Wälzkörper abrollen, wird die Randschicht ständig durch Stöße beansprucht.

d) Der Schmierstoff und die Werkstoffe der Reibpaarung reagieren miteinander (keine Korrosion!).

D Instandhaltungsstrategien

Jedes Instandhaltungsmanagement entscheidet sich für eine geeignete Instandhaltungsstrategie, mit der die Ziele der Instandhaltung auch kostengünstig erreicht werden können.

① Erstellen Sie eine Gesamtübersicht der Instandhaltung. Orientieren Sie sich an der dargestellten Übersicht in englischer Sprache.

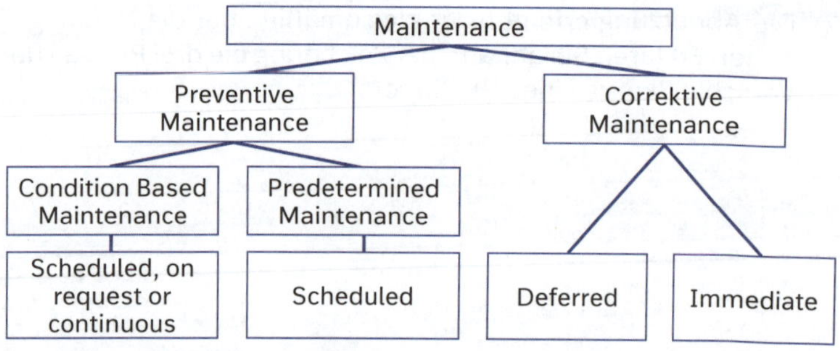

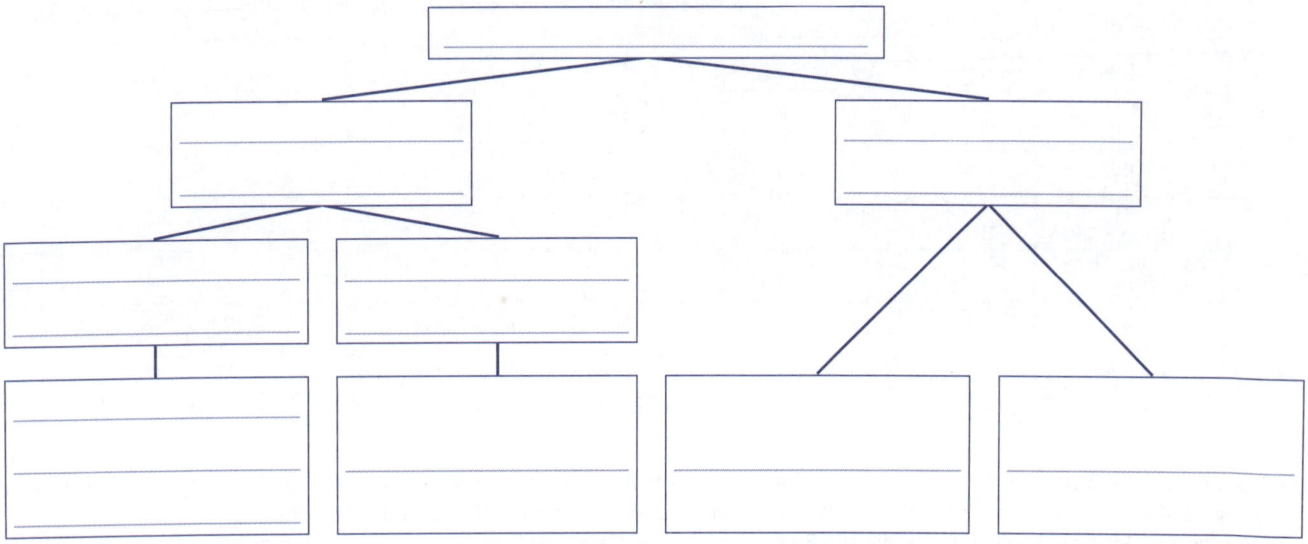

② Präventive Instandhaltung: zustandsorientierte Instandhaltung

Das Bild zeigt den schematischen Aufbau eines „intelligenten" Drehmeißels: Sensoren an den Freiflächen messen den Verschleiß.

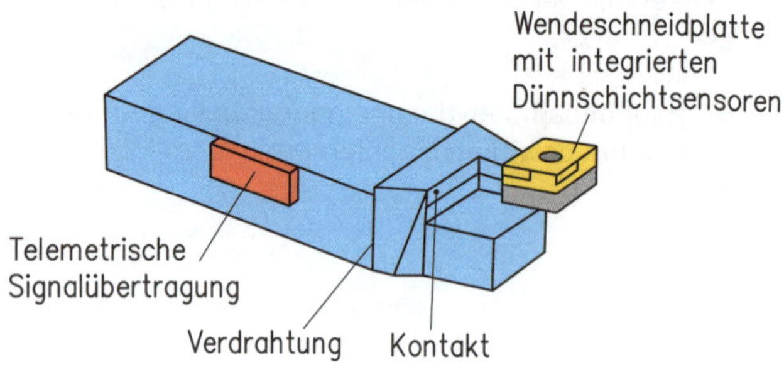

Erläuterung:

Vorteile:

Nachteile:

③ Präventive Instandhaltung: vorausbestimmte Instandhaltung

Erklärung:

Vorteile:

Nachteile:

④ Korrektive Instandhaltung (frühere Bezeichnung: ereignisorientierte Instandhaltung)

Erläuterung:

Vorteile:

Nachteile:

E Wartung von Werkzeugmaschinen

① Die Wartung ist eine präventive (vorbeugende) Instandhaltungsmaßnahme.
Welchem Zweck dient das Warten von Werkzeugmaschinen?

② Wann und von wem sollen die regelmäßigen Wartungsarbeiten durchgeführt werden?
Welche Wartungsintervalle sind bei Werkzeugmaschinen üblich?

③ Weshalb soll nach jeder Wartung eine Funktionsprüfung erfolgen?

④ Warum sind Dokumentation und Protokollführung bei der Wartung von Maschinen wichtig, wenn rechtliche Streitigkeiten geklärt werden müssen?

⑤ Erläutern Sie die rechtlichen Begriffe „Garantie", „gesetzliche Gewährleistung" und „Produkthaftung".

F Inspizieren von Werkzeugmaschinen

① Weshalb werden an Werkzeugmaschinen Inspektionen durchgeführt?

② Welche drei Inspektionsarten werden unterschieden und zu welchem Zeitpunkt erfolgen sie jeweils?

Inspektionsart	**Zeitpunkt**

③ Bei der Ermittlung des Istzustands einer Werkzeugmaschine kommen verschiedene Vorgehensweisen zum Einsatz. Nennen Sie einige subjektive und objektive Methoden.

Subjektive Methoden:

Objektive Methoden:

④ Nennen Sie einige physikalische Größen, die durch Messungen erfasst werden können.

G Instandsetzung

Begriffsbestimmung:
Instandsetzung ist eine korrektive Instandhaltung. Sie wird nach der Fehlererkennung ausgeführt, um eine Maschine oder ein Bauteil in einen Zustand zu bringen, in dem sie bzw. es die geforderte Funktion wieder erfüllen kann.

① Korrektive Instandhaltung kann unmittelbar oder aufgeschoben erfolgen (vgl. Übersicht S. 122). Was ist eine aufgeschobene korrektive Instandhaltung?

② Jeder Instandsetzung geht eine Fehlerdiagnose voraus. Welche Tätigkeiten sind damit verbunden?

③ Wozu dient die Schadensuntersuchung?

④ Hilfreich bei der Schadensuntersuchung sind Verschleißerscheinungen und Bruchbilder. Nennen Sie mögliche Ursachen dafür, dass Bauteile brechen.

Gewaltbruch

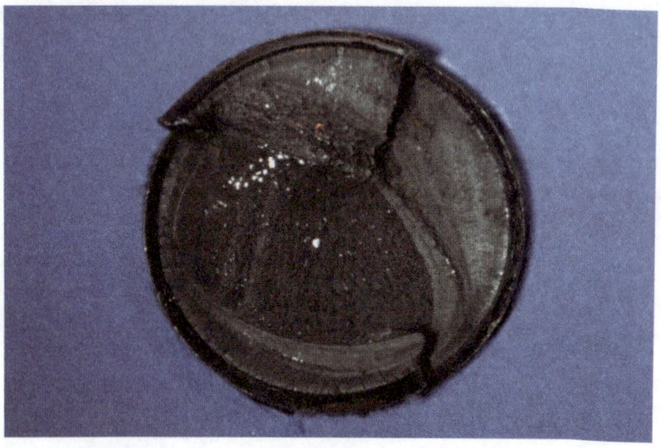

Dauerbruch

⑤ Ist bei einer Einheit (z. B. ein Bauteil) ein Fehler aufgetreten, so kann es ausgetauscht oder repariert werden. Nennen Sie jeweils typische Beispiele für Austausch und Reparatur.

Austausch:

Reparatur:

⑥ Nach der Fehlerdiagnose stellt sich die Frage, ob z. B. ein Kugellager die geforderte Verfügbarkeit (z. B. Anzahl der Betriebsstunden) erreicht hat.

Ergänzen Sie das Ablaufdiagramm mit den drei möglichen Konsequenzen: ausmustern, Schwachstelle beseitigen, instand setzen.

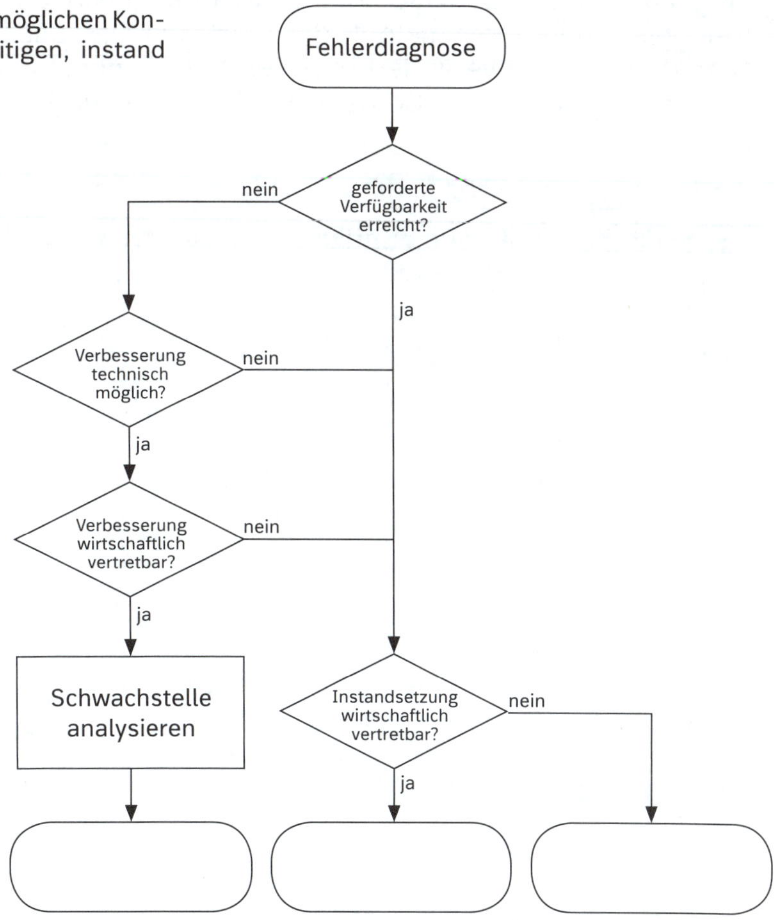

⑦ Schwachstellenbeseitigung ist ein Ziel bei Verbesserungen.
Nennen Sie weitere Ziele.

⑧ Nennen Sie Möglichkeiten, wie die Zuverlässigkeit von technischen Systemen erhöht werden kann.

⑨ Welche konkreten Vorteile ergeben sich aus den folgenden Verbesserungen?

Verbesserung der Dokumentation

Verbesserung der Arbeitsplatzausrüstung

Verbesserung der Arbeitssicherheit

Verbesserung durch Verringerung der Umweltbelastung

Auftrag: Das Stirnradgetriebe ist in einer Werkzeugmaschine eingebaut, an der im Schichtbetrieb gearbeitet wird.
Der Maschinenführer meldet, dass sich die Geräusche des Getriebes deutlich verändert bzw. verstärkt haben. Sie erhalten die Aufgabe, dieses Getriebe zu überprüfen und zu reparieren.

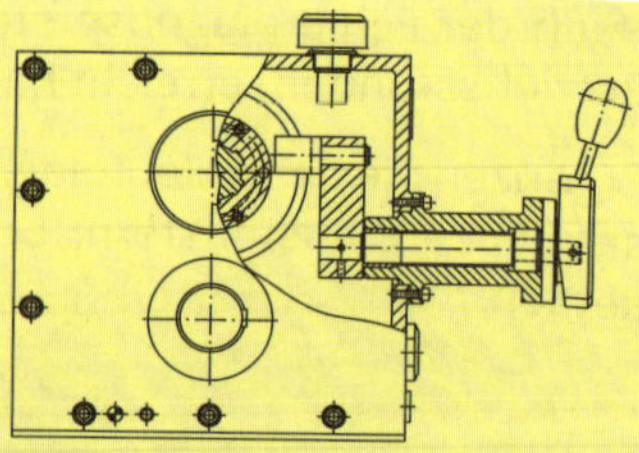

Informieren/orientieren Sie sich, indem Sie ...
- sich die Dokumentation und die technischen Daten des Getriebes beschaffen,
- den Aufbau und die Funktionsweise des Getriebes erkunden,
- die auftretenden Kräfte und Beanspruchungen abschätzen,
- die Störung bzw. den Schaden analysieren.

Planen/entscheiden Sie, indem Sie ...
- die Vorschriften des Arbeits- und Umweltschutzes beachten,
- die Ausfallzeit mit der Abteilung abklären,
- Ersatzteile und Hilfsstoffe beschaffen,
- einen Arbeitsplan erstellen,
- Werkzeug und Hilfsmittel bereitstellen.

Führen Sie die Instandsetzung durch, indem Sie ...
- das Öl ablassen, das Getriebe ausbauen und reinigen,
- die defekten Bauteile ersetzen,
- das Getriebe einbauen,
- die richtige Menge Öl auffüllen.

Kontrollieren Sie, indem Sie ...
- die korrekte Montage überprüfen,
- den Füllstand des Öls am Schauglas ablesen,
- einen Testlauf durchführen,
- Vibrationen und Geräusche messen.

Bewerten und dokumentieren Sie, indem Sie ...
- die Planung mit der tatsächlichen Ausführung vergleichen,
- den gesamten Instandsetzungsablauf kritisch überdenken,
- organisatorische Verbesserungen suchen,
- ein Instandsetzungs- und Übergabeprotokoll erstellen.

Information

A Dokumentation des Getriebes

Vom Typenschild des Getriebes können wichtige technische Daten abgelesen werden.
Aufschluss über den Aufbau des Getriebes liefern die Gesamtzeichnung und die Stückliste auf S. 129/130.
Welche weiteren Dokumente könnten für die Instandsetzung hilfreich sein?

Technische Daten:

Motorleistung	P	45 kW
Antriebsdrehzahl	n	1 500 1/min
Antriebsdrehmoment	M	287 Nm
Gewicht des Getriebes	m	95 kg
Ölqualität	CLP 68 DIN 51517	
Öl-Füllmenge	3,5 l	
Füllhöhe	Mitte Schauglas	

Stirnradgetriebe mit Stückliste (zu Aufgabe A ff., S. 128 ff.)

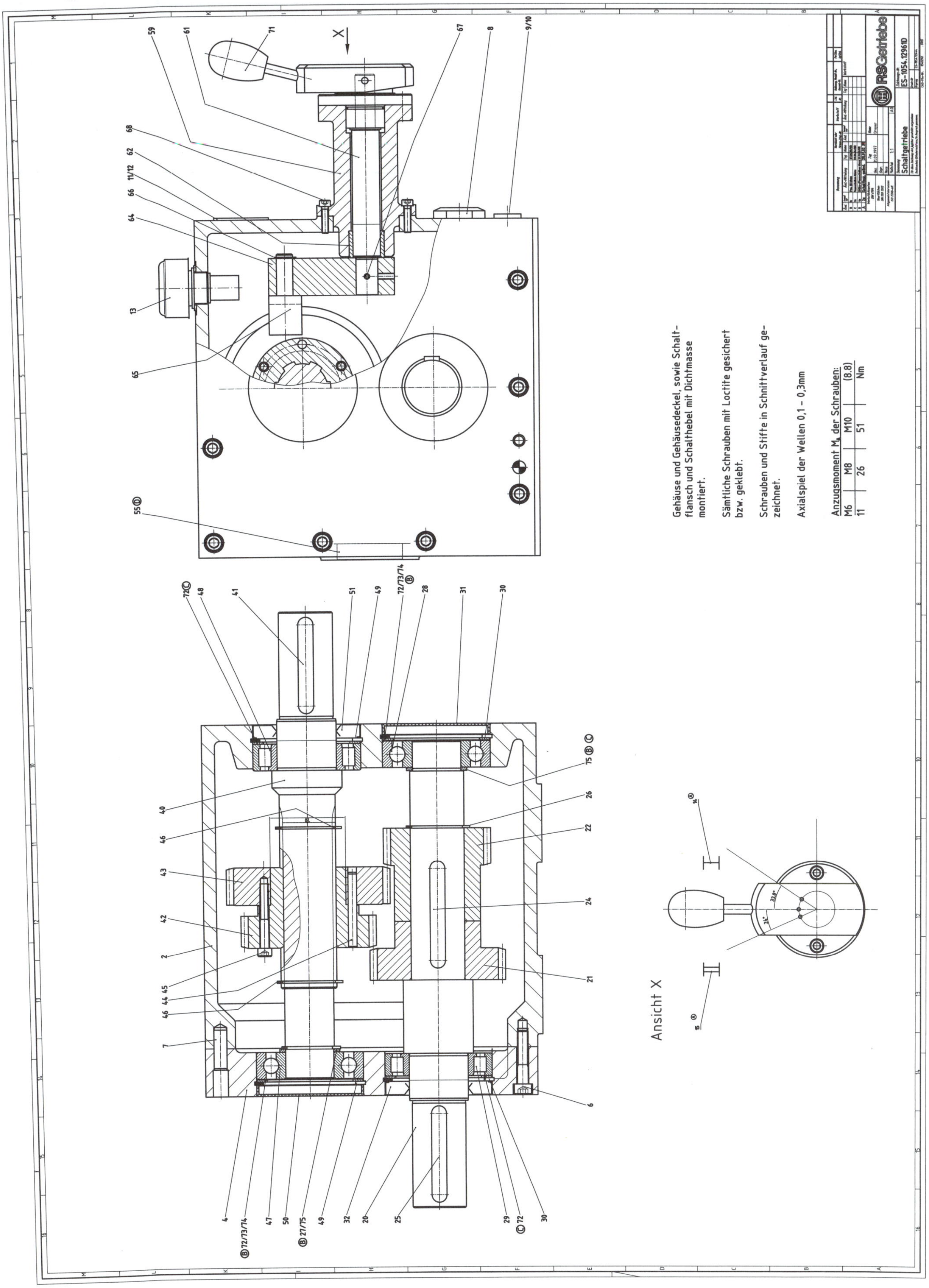

Stück	Benennung	Normblatt	Werkstoff	Pos. Nr.	Bemerkung
1	Gehäuse komplett			1	12445A
1	Gehäuse		EN-GJL-250	2	12504
1	Gehäusedeckel		EN-GJL-250	4	12446
11	Zylinderschraube M10x50	DIN 912		6	
2	Zylinderstift 12x40 - A	ISO 8734		7	
1	Ölstandsauge M30x1,5		AL	8	240AS
1	Verschlussschraube R1/2“	DIN 908		9	
1	Dichtring 21x26x1,5	DIN 7603		10	
1	Typenschild		AL	11	EX000-0010B
4	Halbrund-Kerbnagel 3x4	DIN 1476		12	
1	Luftfilter mit Spritzschutz M30x1,5			13	LO0605.58
1	Schrift Weiß I 15x15 H=8			14	Schaltziffer
1	Schrift Weiß II 15x15 H=8			15	Schaltziffer
1	Welle		16MnCr5	20	12447C
1	Zahnrad z=40 m=3		16MnCr5	21	12448
1	Zahnrad z=31 m=3		16MnCr5	22	12449
1	Passfeder A 14x9x100	DIN 6885		24	
1	Passfeder A 14x9x90	DIN 6885		25	
1	Sicherungsring 50x2	DIN 471		26	
1	Sicherungsring 45x2,5	DIN 471		27	
1	Rillenkugellager 6309-C3	DIN 625		28	
1	Zyl. Rollenlager NJ211E	DIN 5412		29	
1	Sicherungsring 100x3	DIN 472		30	
1	Verschlusskappe			31	VK 100x10
1	Wellendichtring 55x100x12			32	STEFA
1	Welle		16MnCr5	40	12450D
1	Passfeder A 14x9x90	DIN 6885		41	
1	Zahnrad z=40 m=3		16MnCr5	42	12959
1	Zahnrad z=49 m=3		16MnCr5	43	12960
3	Zylinderstift 8x60 - A	ISO 8734		44	
3	Zylinderschraube M8x55	DIN 912		45	
2	Sicherungsring 52x2	DIN 471		46	
1	Rillenkugellager 6309-C3	DIN 625		47	
1	Zyl. Rollenlager NJ211E	DIN 5412		48	
2	Sicherungsring 100x3	DIN 472		49	
1	Verschlusskappe			50	VK 100x10
1	Wellendichtring 55x100x12			51	STEFA
1	Schaltflansch		C45	59	12455
1	Schaltwelle		C45C	61	12454
1	MKZ-Buchse 25x32x25			62	
1	Schalthebel		S235JR	64	12957
1	Schaltklaue		(vgl. S. 30)	65	12958
1	Sicherungsring 15x1	DIN 471		66	
1	Spannstift 5x40	ISO 8752		67	
4	Zylinderschraube M6x25	DIN 912		68	
1	Blockierhebel 20/125			71	LN110-2
4	Passscheibe 80x100x2	DIN 988		72	
4	Passscheibe 80x100x0,2	DIN 988		73	
2	Passscheibe 80x100x0,1	DIN 988		74	
2	Passscheibe 45x56x3	DIN 988		75	

B Funktion des Getriebes

① Beschreiben Sie den Kraftfluss durch das Getriebe, wenn der Schalthebel in Stellung I steht. Beginnen Sie mit der Passfeder (Pos. 25).

② Weshalb wurde bei den Zahnrädern keine Schrägverzahnung gewählt?

③ Erläutern Sie die Schaltmöglichkeiten des Getriebes und bestimmen Sie die Übersetzungen und Drehrichtungen.

④ Das Getriebe läuft in Stufe I mit einer Antriebdrehzahl von 900 min^{-1} und einem Antriebdrehmoment von 165 Nm bei einem Wirkungsgrad von 90 %.
Beurteilen Sie, ob diese Belastung zulässig ist, und berechnen Sie die zugeführte und die abgegebene Leistung des Getriebes sowie die Abtriebsdrehzahl und das Abtriebsdrehmoment.

⑤ a) Wie erfolgt die Kraftübertragung vom Zahnrad (Pos. 42) auf die Welle (Pos. 40)?
b) Weshalb wurde diese Welle-Nabe-Verbindung gewählt?
c) Nennen Sie ein Beispiel für eine normgerechte Bezeichnung dieser Verbindung.

⑥ Mit welchen Passmaßen wird die Passfedernut (für Pos. 24) in Welle und Zahnrad gefertigt?

⑦ Jede der beiden Wellen ist mit einem Zylinderrollenlager und einem Rillenkugellager gelagert.
a) Welche Aufgaben erfüllen die Zylinderrollenlager?
b) Welch Aufgaben haben die Rillenkugellager?
c) Welche Belastungen (Punkt-/Umfangslast) wirken auf die Lagerringe?

⑧ Welches Wärmebehandlungsverfahren kommt beim Härten des Zahnrades Pos. 21 zur Anwendung? Erläutern Sie die drei Schritte dieses Verfahrens.

⑨ Erläutern Sie die Gewindeangaben von Pos. 8 und Pos. 9

⑩ Wodurch wird an den vier Lagerstellen verhindert, dass Öl austritt?

⑪ Welche Aufgaben hat das Öl in einem Getriebe?

⑫ Erläutern Sie a) die angewendete Schmierungsart und b) den verwendeten Schmierstoff

⑬ Das Getriebe muss mit der richtigen Ölmenge befüllt werden.
a) Wie viel Öl benötigt das Getriebe?
b) Welche Auswirkungen hat ein zu niedriger Ölstand?
c) Wie wirkt sich ein zu hoher Ölstand aus?

C Schadensanalyse

① Überlegen Sie mögliche Ursachen und deren Beseitigung.

Störung	mögliche Ursachen	Beseitigung
veränderte Geräusche im Getriebe		

② Um den Schaden einzugrenzen, ist viel Erfahrung erforderlich.
Welche Hilfsmittel zur Ermittlung der Störstelle lassen sich ggf. einsetzen?

Planung

Fazit aus der Schadensanalyse und Problemstellung:
Aufgrund der gemessenen Temperaturen und der abgehörten Geräusche nehmen Sie an, dass die veränderten Geräusche vom Rillenkugellager (Pos. 47) ausgehen und nur dieses ausgewechselt werden muss. Sollte sich bei der Demontage herausstellen, dass der Schaden nicht am Rillenkugellager (Pos. 47) liegt, müsste die Instandsetzung erweitert und das gesamte Getriebe zerlegt werden. Dadurch würde sich aber die Stillstandszeit erhöhen!

① Welche Sicherheitshinweise der Betriebsanleitung sind zu beachten? Erläutern Sie die Stichworte.

Personal: __________

Betriebsanleitung: __________

Hochdruckreiniger: __________

Schweißarbeiten: __________

Schrauben: __________

Wellen: __________

② Welche Vorschriften für die Arbeitssicherheit müssen beachtet werden?

③ Welche Vorschriften für den Umweltschutz müssen beachtet werden?

④ Erstellen Sie einen Arbeitsplan für die Instandsetzung des Getriebes.

Nr.	Arbeitsgang	Werkzeug, Hilfsmittel
1	Getriebeöl ablassen	
2	Getriebe ausbauen	
3	Riemenscheibe von Antriebswelle (Pos. 20) abziehen	

Ausführung

Führen Sie die Instandsetzung entsprechend Ihrer Planung fachmännisch aus.

Kontrolle

① Nach dem Einbau des Getriebes und vor dem Probelauf sollte eine Arbeitskontrolle erfolgen. Worauf kann sich diese im vorliegenden Fall beziehen?

② Beschreiben Sie in Stichpunkten die Inbetriebnahme des Getriebes nach der Instandsetzung.

Bewertung/Dokumentation

Welche Angaben würden Sie in das Instandsetzungsprotokoll aufnehmen?